配电网不停电典型作业技术及应用

国网陕西省电力有限公司咸阳供电公司　组编

李　鹏　王智峰　主编

中国电力出版社
CHINA ELECTRIC POWER PRESS

内 容 提 要

为适应配电网不停电作业及技术的快速发展,提升配电网不停电作业技术人员的知识水平及技能操作水平,基于配电网不停电作业技术人员的能力现状和培训需求,编写了本书。本书采用理论与实践相结合方式,主要内容包括配电网概述、配电网典型缺陷及友好型线路设计、配电网不停电作业方法、旁路作业现场典型实操、应急电源供电现场典型实操、不停电作业新技术应用。

本书可供从事配电网不停电作业的技术人员、业务管理人员参考使用,可作为高校相关专业师生参考用书。

图书在版编目(CIP)数据

配电网不停电典型作业技术及应用 / 国网陕西省电力有限公司咸阳供电公司组编;李鹏,王智峰主编. —北京:中国电力出版社,2023.10
ISBN 978-7-5198-8060-6

Ⅰ. ①配⋯ Ⅱ. ①国⋯②李⋯③王⋯ Ⅲ. ①配电系统–带电作业–基本知识 Ⅳ. ①TM727

中国国家版本馆 CIP 数据核字(2023)第 152938 号

出版发行: 中国电力出版社
地　　址: 北京市东城区北京站西街 19 号(邮政编码 100005)
网　　址: http://www.cepp.sgcc.com.cn
责任编辑: 罗 艳(010-63412315) 高 芬
责任校对: 黄 蓓 马 宁
装帧设计: 张俊霞
责任印制: 石 雷

印　　刷: 三河市航远印刷有限公司
版　　次: 2023 年 10 月第一版
印　　次: 2023 年 10 月北京第一次印刷
开　　本: 710 毫米×1000 毫米 16 开本
印　　张: 10.25
字　　数: 166 千字
印　　数: 0001—1500 册
定　　价: 75.00 元

编 写 组

配电网不停电作业技术在现代社会发展中具有现实应用意义，是提高配电网供电可靠性和提升服务质量的重要手段，可以保障供电稳定性，维护居民正常用电以及产业发展中对电能的需求。随着配电网不停电作业的全面推进，作业应用不断拓宽，作业次数直线上升，从事配电网不停电作业的新进人员快速增长。作业人员的技能水平和执行规章制度的严格程度，极大影响配电网不停电作业安全事故风险水平；同时由于配电线路间隙小、设备布置复杂，作业人员极易同时触及两个不同电位设备，稍有不慎即可能发生作业安全事故，所以要保证配电网不停电作业技术在应用中安全进行并产生更大效力，实现不停电作业目标，则要全面提升配电网不停电作业人员的知识水平和技能操作能力。

在此背景下，国网陕西省电力有限公司咸阳供电公司组织配电网领域的有关专家，根据配电网不停电作业技术人员的能力现状和培训需求，编写了《配电网不停电典型作业技术及应用》。编写组基于理论分析，结合现场案例，归纳配电网不停电作业各种技术，总结配电网不停电作业的基本实操技能，旨在提高配电网不停电作业技术人员操作的规范性、科学性，实现对配电网不停电作业技术人员及相关技术人员、业务管理人员的综合能力培训与技术指导目标。

本书共6章，第1章概述配电网的相关知识，包括配电网常用术语和定义、供电可靠性目标，典型接线方式、特征及传统检修方式等；第2章分析配电网的典型缺陷，并对配电网不停电作业友好型线路装置规划与设计进行了阐述；第3章研究阐释配电网不停电作业方法，包括带电作业、旁路作业、应急电源保供电等；第4、5章将理论与案例相结合，进行旁路作业和应急电源供电现场典型实操的梳理和分析；第6章介绍不停电作业新技术应用，包括高海拔带电作业、带电作业机器人应用等。全书理论与实践相结合，图文并茂，能够丰富配电网不停电作业技术培训的教学资源，创新教学资源的形式，提升学习效果；

有效规范配电网不停电作业操作过程，提高配电网不停电作业操作技能，更好地预防配电网作业安全隐患发生。

编写工作启动以后，编写组进行了多方调研，广泛收集了相关资料，并在此基础上进行提炼和总结，以期所写内容能够使读者掌握配电网不停电作业的基本实操技能，为提高配电网不停电作业技术和供电可靠性提供技术支撑和案例参考。但配电网不停电作业技术的应用较为复杂，且技术更新疾如旋踵，本书所论述的关键技术与实践技术运用中或可能存在一定的时间差，书中所写内容可能有所欠缺，恳请读者理解，并衷心希望广大读者能够给予指正。

编　者
2023.8

目　录
CONTENTS

前言

第 1 章　配电网概述 ································· 1

1.1　配电网常用术语和定义 ················· 1

1.2　配电网供电可靠性目标 ················· 3

1.3　配电网典型接线方式 ·················· 4

1.4　配电网特征及传统检修方式 ············· 7

第 2 章　配电网典型缺陷及友好型线路设计 ······· 12

2.1　典型缺陷 ·························· 12

2.2　配电网不停电作业友好型线路装置规划与设计 ·········· 16

第 3 章　配电网不停电作业方法 ·············· 21

3.1　带电作业 ·························· 21

3.2　旁路作业 ·························· 24

3.3　应急电源供电 ······················ 25

3.4　配电网不停电作业应用及成效 ············ 27

第 4 章　旁路作业现场典型实操 ·············· 31

4.1　旁路检修开关站进线 ·················· 31

4.2　临时取电检修架空线路 ················· 34

4.3　旁路电缆转供电检修架空线路 ············· 36

4.4　双回架空线路临时取电检修开关站 ·········· 39

4.5 不停电更换配电室两台配电变压器及高压开关站 …………………… 41

4.6 双回路架空线路不停电改电缆线路 …………………………………… 45

4.7 综合不停电作业架空线分支线路"上改下" …………………………… 50

4.8 带负荷直线杆档内架空线路改耐张 …………………………………… 53

4.9 分支线架空线路不停电迁移 …………………………………………… 56

4.10 辐射类终端环网站进线电缆不停电迁移 ……………………………… 60

4.11 大分支线路不停电改造 ………………………………………………… 65

4.12 配电线路正线架空线不停电改电缆 …………………………………… 70

4.13 配电线路正线架空线不停电移位 ……………………………………… 73

4.14 绝缘杆间接作业法带负荷更换线路柱上开关 ………………………… 76

4.15 电缆不停电作业检修电缆线路 ………………………………………… 82

4.16 电缆不停电作业新增开关站（无空间隔） …………………………… 85

第5章 应急电源供电现场典型实操 ……………………………………… **91**

5.1 中压移动发电车非同期接入、非同期退出 …………………………… 91

5.2 中压移动发电车同期接入、同期退出 ………………………………… 93

5.3 架空线路"零停电"不停电改电缆线路 ……………………………… 96

5.4 基于低压发电车同期并网的变压器不停电更换 ……………………… 106

5.5 移动储能车不停电保供电 ……………………………………………… 115

第6章 不停电作业新技术应用 …………………………………………… **118**

6.1 高海拔带电作业 ………………………………………………………… 118

6.2 配电网带电作业机器人应用 …………………………………………… 123

第1章

配 电 网 概 述

》 1.1 配电网常用术语和定义 《

1. 配电网

配电网是指从电源侧（输电网、发电设施、分布式电源等）接受电能，并通过配电设施逐级或就地分配给各类用户的电力网络。

配电网由架空线路、电缆、杆塔、配电变压器、隔离开关、无功补偿电容以及一些附属设施等组成，在电力网中起重要分配电能的作用，包括高压配电网（35、110kV）、中压配电网（10、20kV）、低压配电网（220/380V），城市配电网、农村配电网，架空配电网、电缆配电网。

6～10kV 配电网是直接面向用户的电力基础设施。随着经济发展方式转变、城市化进程加快、能源结构优化升级，配电网作为电网的重要组成部分，也在不断更新升级。配电网络复杂、覆盖面大，在向用户端输送、分配电能和供电的过程中，承担极其重要的作用。

传统的配电网从电网取电供电给用户，在电源端故障或配电网检修施工时，用户端停电；新型配电网大量接入光伏、风电、水电等分布式能源，除从电网取电供电给用户外，还汇聚光伏、风电、水电等分布式能源，就地吸收后将多余电能反送到电网，形成潮流双向互动。

2. 开关站

开关站一般是指由上级变电站直供，出线配置带保护功能的断路器，对功率进行再分配的配电设备及土建设施的总称，相当于变电站母线的延伸。开关站进线一般为两路电源，设母联开关。开关站内必要时可附设配电变压器。

3. 环网柜

环网柜是指用于 10kV 电缆线路环进环出及分接负荷的配电装置。环网柜中用于环进环出的开关一般采用负荷开关，用于分接负荷的开关采用负荷开关或断路器。环网柜按结构可分为共箱型和间隔型，一般每个间隔或每个开关称为一面环网柜。

4. 配电室

配电室是指将 10kV 变换为 220/380V，并分配电力的户内配电设备及土建设施的总称，配电室内一般设有 10kV 开关、配电变压器、低压开关等装置。配电室按功能可分为终端型和环网型。终端型配电室主要为低压电力用户分配电能；环网型配电室除了为低压电力用户分配电能外，还用于 10kV 电缆线路的环进环出及分接负荷。

5. 箱式变电站

箱式变电站是指安装于户外，有外箱壳防护，将 10kV 变换为 220/380V，并分配电力的配电设施，箱式变电站内一般设有 10kV 开关、配电变压器、低压开关等装置。箱式变电站按功能可分为终端型和环网型。终端型箱式变电站主要为低压电力用户分配电能；环网型箱式变电站除了为低压用户分配电能外，还用于 10kV 电缆线路的环进环出及分接负荷。

6. 10kV 主干线

10kV 主干线是指由变电站或开关站馈出，承担主要电能传输与分配功能的 10kV 架空或电缆线路的主干部分，具备联络功能的线路段是主干线的一部分。主干线包括架空导线、电缆、开关等设备，设备额定容量应匹配。

7. 10kV 分支线

10kV 分支线是指由 10kV 主干线引出的，除主干线以外的 10kV 线路部分。

8. 10kV 电缆线路

10kV 电缆线路是指主干线全部为电力电缆的 10kV 线路。

▶ 1.2　配电网供电可靠性目标 ◀

配电网是连接终端电力用户和大电网的桥梁，直接关系用户的电能质量和供电可靠性，对城市供电可靠性的影响比较大。

1.2.1　供电可靠性

供电可靠性是指配电网向用户持续供电的能力，是考核供电系统电能质量的重要指标。

供电可靠率 $RS-1$ 是指在统计期间内，对用户有效供电小时数与统计期间小时数的比值，是计入所有对用户的停电后得出的，真实地反映了电力系统对用户的供电能力。计算公式为

$$RS-1＝（1-户均停电时间/统计期时间）×100\%$$

其中，户均停电时间包括故障停电时间、预安排（计划和临时）停电时间及系统电源不足限电时间。

1.2.2　配电网供电可靠性目标

依据《配电网规划设计技术导则》（DL/T 5729）规定的规划目标如下：

（1）供电区域中心城市（区）A＋。供电可靠率 $RS-1$≥99.999%，用户年平均停电时间不高于 5min，综合电压合格率≥99.99%。

（2）供电区域中心城市（区）A。供电可靠率 $RS-1$≥99.990%，用户年平均停电时间不高于 52min，综合电压合格率≥99.97%。

（3）供电区域城镇地区 B。供电可靠率 $RS-1$≥99.965%，用户年平均停电时间不高于 3h，综合电压合格率≥99.95%。

（4）供电区域城镇地区 C。供电可靠率 $RS-1$≥99.863%，用户年平均停电时间不高于 12h，综合电压合格率≥98.79%。

（5）供电区域乡村地区 D。供电可靠率 $RS-1$≥99.726%，用户年平均停电时间不高于 24h，综合电压合格率≥97.00%。

（6）供电区域乡村地区 E。供电可靠率 $RS-1$、用户年平均停电时间、综合

电压合格率不低于向社会承诺的目标。

1.2.3 配电网供电可靠性现状

1. 供电系统用户平均供电可靠率

2021 年，全国供电系统用户平均供电可靠率 99.872%，同比上升 0.007 个百分点。其中，全国城市地区平均供电可靠率 99.944%，农村地区平均供电可靠率99.840%，城市、农村地区平均供电可靠率相差 0.104 个百分点。

全国供电系统用户平均供电可靠率由 2017 年的 99.814% 提升至 2021 年的99.872%，提升了 0.058 个百分点，其中城市地区的平均供电可靠率由 2017 年的99.943% 提升至 2021 年的 99.944%，提升了 0.001 个百分点，五年内呈现波动发展态势；农村地区的平均供电可靠率由 2017 年的 99.768% 提升至 2021 年的99.840%，提升了 0.072 个百分点，提升较为明显。

2021 年，全国供电系统用户平均停电时间 11.26h/户，同比减少 0.61h/户。全国的用户平均停电时间由 2017 年的 16.27h/户下降至 2021 年的 11.26h/户，下降了 5.01h/户，其中城市地区的用户平均停电时间由 2017 年的 5.02h/户下降至2021 年的 4.89h/户，下降了 0.13h/户；农村地区的用户平均停电时间由 2017 年的 20.35h/户下降至 2021 年的 14.06h/户，下降了 6.29h/户。

2. 停电对供电可靠性的影响

2021 年，全国预安排停电主要原因为：检修停电占 55.72%，造成用户平均停电时间 2.81h/户，同比减少 0.13h/户；工程停电占 34.73%，造成用户平均停电时间 2.93h/户，同比增加 1.19h/户。

» 1.3　配电网典型接线方式 «

1.3.1　10kV 架空配电网典型接线方式

依据《配电网技术导则》（Q/GDW 10370），10kV 架空配电网典型接线方式有以下三种。

1. 三分段、三联络接线方式

在周边电源点数量充足，10kV 架空线路宜环网布置开环运行，一般采用柱上负荷开关将线路多分段、适度联络，典型的接线方式为三分段、三联络，可提高线路的负荷转移能力，见图 1-1。当线路负荷不断增长，线路负载率达到 50%以上时，采用三分段、三联络接线方式还可提高线路负载水平。

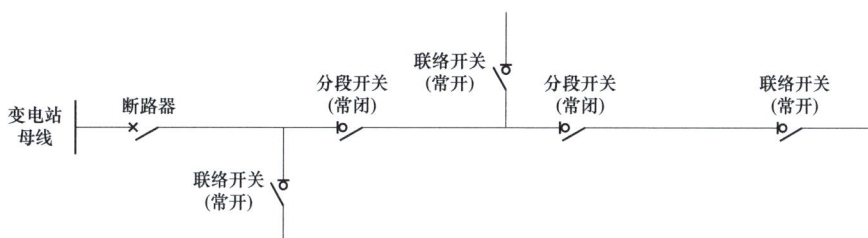

图 1-1 10kV 架空线路三分段、三联络接线方式

2. 三分段、单联络接线方式

在周边电源点数量有限，且线路负载率低于 50%的情况下，不具备多联络条件时，可采用线路末端联络接线方式，10kV 架空线路三分段、单联络接线方式见图 1-2。

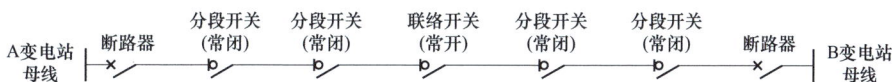

图 1-2 10kV 架空线路三分段、单联络接线方式

3. 三分段、单辐射接线方式

在周边没有其他电源点，且供电可靠性要求较低的地区，目前暂不具备与其他线路联络的条件，可采取多分段、单辐射接线方式，10kV 架空线路三分段、单辐射接线方式见图 1-3。

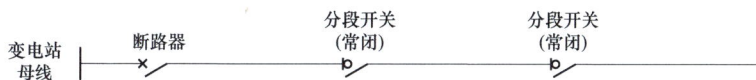

图 1-3 10kV 架空线路三分段、单辐射接线方式

1.3.2 10kV 电缆配电网典型接线方式

依据《配电网技术导则》（Q/GDW 10370），10kV 电缆配电网典型接线方式

有以下四种。

1. 单环网接线方式

自同一供电区域两座变电站的中压母线（或一座变电站的不同中压母线）或两座中压开关站的中压母线（或一座中压开关站的不同中压母线）馈出单回线路构成单环网，开环运行，见图 1-4。单环网接线方式适用于单电源用户较为集中的区域。

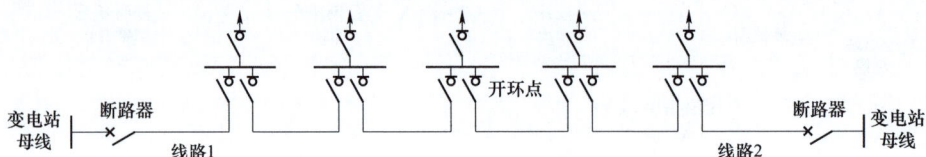

图 1-4 10kV 电缆线路单环网接线方式

2. 双射接线方式

自一座变电站（或中压开关站）的不同中压母线引出双回线路，形成双射接线方式；或自同一供电区域的不同变电站引出双回线路，形成双射接线方式，见图 1-5。有条件、必要时，可过渡到双环网接线方式。双射接线方式适用于双电源用户较为集中的区域，接入双射的环网室和配电室的两段母线之间可配置联络开关，母联开关应手动操作。

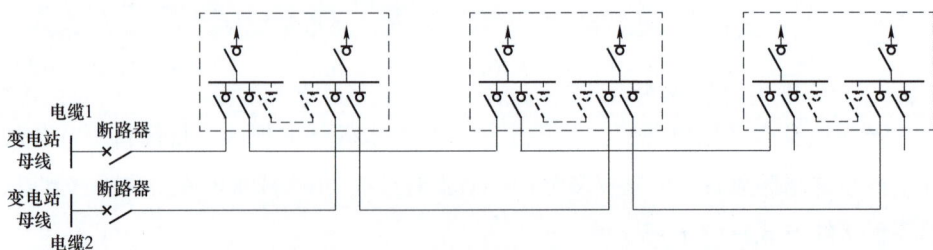

图 1-5 10kV 电缆线路双射接线方式

3. 双环网接线方式

自同一供电区域的两座变电站（或两座中压开关站）的不同中压母线各引出两对（4 回）线路，构成双环网接线方式，见图 1-6。双环网接线方式适用于双电源用户较为集中、且供电可靠性要求较高的区域，接入双环网的环网室和配电室的两段母线之间可配置联络开关，母联开关应手动操作。

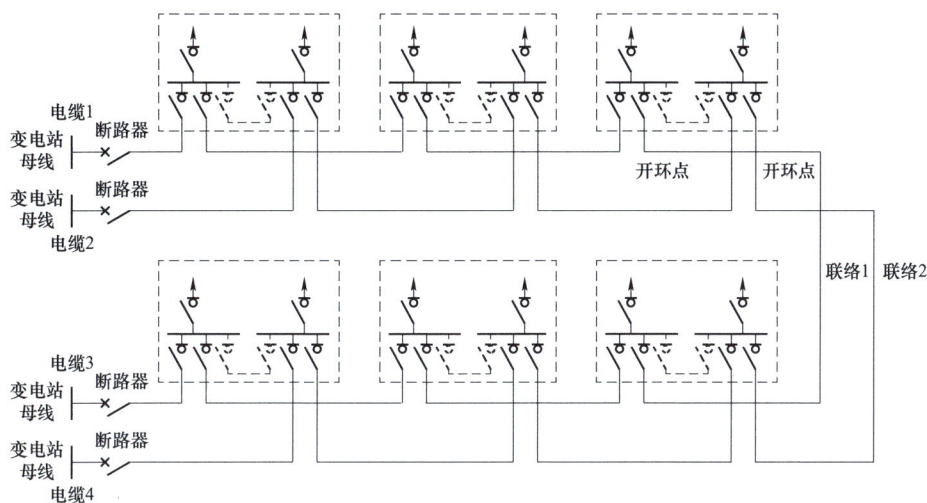

图 1-6 10kV 电缆线路双环网接线方式

4. 对射接线方式

自不同方向电源的两座变电站（或中压开关站）的中压母线馈出单回线路组成对射线接线方式，一般由双射线改造形成，见图 1-7。对射接线方式适用于双电源用户较为集中的区域，接入对射的环网室和配电室的两段母线之间可配置联络开关，母联开关应手动操作。

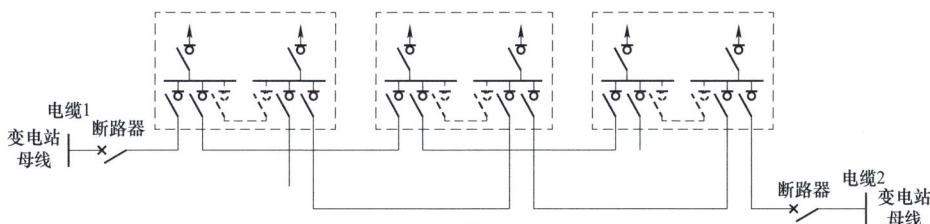

图 1-7 10kV 电缆线路对射接线方式

》 1.4 配电网特征及传统检修方式 《

1. 配电网特征

配电网直接与用户连接，其建设及运维的质量，决定了供电能力的大小，直接影响用户供电可靠性、电能质量和供电服务。配电网作为电力系统的一个基本组成部分，应该满足对电力系统运行的三条基本要求：保证可靠地不间断供电，保证良好的电能质量，保证建设投资和运行费用的经济性。

我国幅员辽阔，配电网尚处在发展建设中，配电网自动化仅在部分城市配电网建成，配电自动化覆盖面小，大量农村配电线路仍是单电源、辐射型接线的架空配电线路。

配电网作为接通大电网与电力用户的"最后一公里"，具有如下特征：

（1）配电网设备遍布城市和农村，是城乡公共基础设施的组成部分，同时受市政建设和客户负荷发展的变化影响，网络结构与设备变动相对频繁。

（2）配电网承担着向用户输送电能任务的同时，还起着将接入配电网的光伏、风电、小水电等清洁能源送回主网的作用。

（3）架空配电线路是配电网的主要组成部分，点多面广、分布分散，长期承受日晒、风吹、雨打、雷电、污秽、异物等自然或人为因素的影响，线路故障多发。

（4）随着城镇化进程的快速推进，架空配电线路走廊资源日益紧张，多回线路同杆架设或架空线改电缆入地工程大量增加。

2. 架空配电线路

架空配电线路主要由杆塔、横担、导线、拉线、绝缘子、金具及杆上设备等组成，由导线经绝缘子（或绝缘子串）支撑固定（或悬挂）在杆塔上而构成的，如图1-8所示。

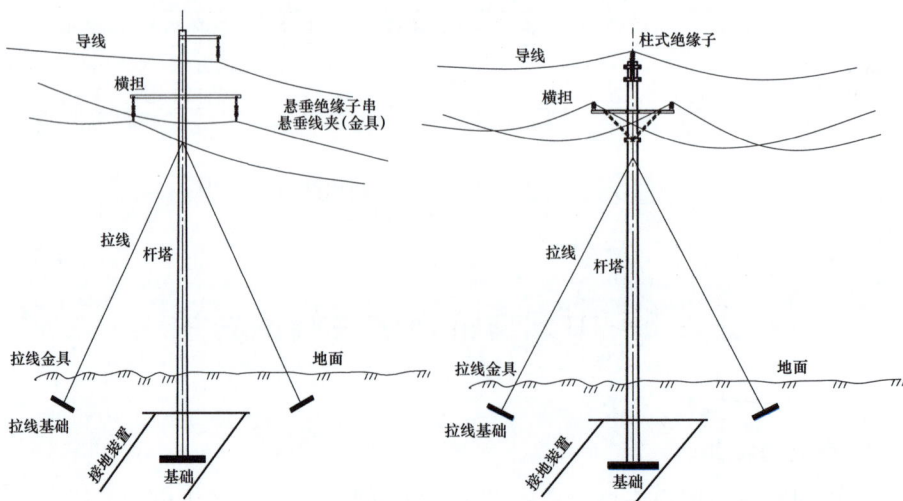

图1-8　架空配电线路

3. 配电网传统检修方式

为提高架空配电线路安全运行水平，降低线路故障，供电企业按照国家和行业相关规程制订架空配电线路的检修计划。架空配电线路检修是结合配电线路设备的检修周期和线路巡视情况等进行综合研判，开展有计划、有针对性的规范化检修工作，意在消除线路缺陷隐患，预防事故发生，提高线路运行水平，确保安全供电。

架空配电线路的检修主要包括设备检修消缺、改造（老旧线路改造、防雷改造、接地改造、补强安装、更换设备）、架空配电线路迁改（配合市政工程、重点工程杆位迁移、路径改变、架空线入地）、业扩新客户接入电网等。

架空配电线路的检修一般有停电检修和不停电检修两种方式。

（1）停电检修是对需要检修作业的线路或设备停电并采取必要的安全技术措施（如停电、验电、挂接地线、悬挂标示牌、装设围栏等）后进行检修，作业完成后再恢复供电的作业方式。停电检修是一种传统的作业方式，见图1-9。

图1-9 架空配电线路停电检修

（2）不停电检修是采用直接带电作业、搭建旁路、使用移动电源等方式开展现场工作，使用户不停电（或少停电）而实现对电力线路或设备进行检修的作业方式，其核心是配电网不停电作业技术的应用，见图1-10。

图 1-10 架空配电线路不停电检修

4. 配电网传统检修方式对供电可靠性的影响

（1）持续可靠的电能供应已成为经济社会发展和人民追求美好生活的必需品。经济社会的快速发展和人民生活水平的不断改善，电能应用融入经济社会发展和人民生活的方方面面，大到高铁动力，小到家庭生活，以电能为核心动力的能源体系正在逐步替代煤、气、油等一次能源，电能应用正在改变传统的生产、生活方式。工业生产、家用电器普及、互联网崛起、智能设备快速发展等都离不开电能供应，经济社会发展和人民追求美好生活对电能的高度依赖，应用电能已经从生活的点缀转变成衡量生活质量的标配。

（2）配电网的特点决定其检修施工频繁。配电网停电分检修施工停电和故障停电，其中以检修施工停电对供电可靠性的影响最大。配电网停电检修虽然为配电网设备提供了检修、消缺的机会，有效遏制了配电网重大安全事故的发生，提高了配电网设备安全运行健康水平；但由于配电网停电计划安排、停电范围、停电时长、停电次数等管控日趋严格，部分配电网设备在发现缺陷、隐患后不能及时安排停电检修，导致部分配电网设备在计划停电检修前"带病"运行而发生故障，导致停电范围扩大。同时配电网设备数量大幅度增加，配电网结构越来越复杂、供电运行方式变化越来越频繁，传统的停电检修倒闸操作需要耗费更多的时间和人力、物力，并且停电检修及倒闸操作的安全风险骤增。

（3）停电作业降低供电可靠性。供电可靠性是指供电系统持续供电的能力，是考核供电系统电能质量的重要指标，反映了电力工业对国民经济电能需求的满足程度，已经成为衡量一个国家经济发达程度的标准之一。供电可靠性可以用一系列指标加以衡量：供电可靠率、用户平均停电时间、用户平均停电次数、系统停电等效小时数。传统的配电网停电检修施工方式已经不能适应经济社会发展和人民生活对高供电可靠性的要求，阻碍了绿色电能对传统黑色化石能源的替代。配电网络是直接面向用户的基础设施，由于配电网中架空配电线路绝缘水平低，在大气过电压、污秽或其他外界因素作用下易发生故障，并且由于部分地区配电设施陈旧老化，设备存在众多隐患；加上不断新增的企业用户报装用电以及基础设施建设引起的架空配电线路的迁改逐年增多，都会增加停电的次数和停电时间，直接降低配电网的供电可靠性。随着配电网带电检测技术的推广应用和配电网状态检修的推进，配电网设备安全运行健康水平不断提升，配电网故障停电大幅度下降。配电网检修消缺、技术改造和建设施工引起的停电仍居高不下，配电网停电检修施工已经成为配网停电的主要原因，直接影响供电可靠性。

（4）传统配电网停电检修模式曾在一定时期内显著提升了配电网运检效率和设备健康运行水平，目前仍是配电网检修的主力军，但随着经济社会快速发展，各级敏感用户、重要用户不断增多，用户对不间断供电和优质服务的期许和要求也越来越高，因配电网停电检修施工而中断用户供电，引发停电投诉（频繁停电）等现象不断发生。特别是随着 5G 移动技术的发展，互联网客户呈井喷式发展，网络直播、电子商务、微商网店等商业模式的崛起，人民生活对电力持续供应的依赖更加突出，停电直接影响经济社会发展和人民生活质量。

（5）采用配电网不停电作业可以有效提高供电可靠性。停电会给人们的正常生活和工作带来极大的不便，电网停电直接影响经济社会发展和人民美好生活，停电直接影响客户的生产、生活，如停电直接会导致供水中断、高层建筑电梯因停电而无法使用、工业企业因停电中断生产，突然停电造成工业企业大量废品等，造成企业大量的停电损失，停电甚至瘫痪城市交通、影响政府信息化办公，事关地方政府形象和社会稳定。传统的配电网停电检修方式已经不能适应经济社会发展和人民生活对持续可靠供电的要求。采用架空配电线路不停电检修，不仅可以有效减少配电线路施工检修引起的停电次数和停电时间，同时还可以及时消除配电线路设备缺陷和安全隐患，保障线路设备安全可靠运行，提高供电可靠性。

第2章

配电网典型缺陷及友好型线路设计

➤ 2.1 典 型 缺 陷 ◀

2.1.1 设计缺陷种类

1. 铜铝钎焊设备线夹

（1）设计缺陷。配电网设备大量采用铜铝钎焊设备线夹（见图 2-1）进行相互连接，其结构为铜板和铝板接头左右组合对称焊接成铜铝过渡设备线夹，焊接而成的铜铝过渡连接处形状为一条直线。这种连接方式可承受的机械强度较小，铜铝钎焊设备线夹在受力过大或流过大电流时易发生断裂，从而影响电气设备的正常工作。

（2）缺陷的表现形式。铜铝钎焊设备线夹通常与导线连接，在安装期间，由于安装空间与工艺的影响，易造成设备线夹持续性受到导线带来的扭力与拉力；在运行期间，导线受到大自然天气以及树木的影响，产生的摆动和拉伸现象会对设备线夹带来额外的扭力、拉力与振动；在检修期间，导线的弧垂或设备线夹所连接设备发生变化，人为的对设备线夹产生扭力与拉力；在线路发生接地或短路过程中，还要受到大电流和电动力影响等。综合所述，铜铝钎焊设备线夹在安装投入运行后，将持续地受到作用于自身的扭力、拉力、振动、电动力等，由此所产生的力矩全部作用于铜铝设备线夹的钎焊缝处。在不停电作业过程中，对与铜铝钎焊设备线夹连接的导线和设备所产生的任何作业，均极易引起铜铝钎焊设备线夹的钎焊缝处断裂，从而造成意外接地或短路。

图 2-1　铜铝钎焊设备线夹

2. 铝材并沟线夹

（1）设计缺陷。铝材并沟线夹（见图 2-2）通常使用在非承力的线路分支、设备引线、电缆引线等范围，长期受自然条件的影响，铝材线夹与氧气、雨水长时间接触后，会在表面形成三氧化二铝氧化层，从而加大导线与线夹接触面的电阻，继而持续性地产生由于接触不良带来的升温；此外线夹本体由于热胀冷缩对线夹的固定螺栓产生额外的受力，造成螺栓紧固力下降，进而造成导线与线夹间的缝隙加大，引起电阻升高，周而复始造成铝材线夹烧毁。

（2）缺陷的表现形式。铝材并沟线夹在露天运行过程中，由于腐蚀、氧化的持续产生，污秽物顺着导线的缝隙进入压接面，造成线夹与导线接触面形成电位差，从而引起发热直至烧毁。在不停电作业过程中，由于线夹内部烧毁情况不易观察与测量，引起导线晃动或弧垂变动的作业，极易将产生的力矩传导至接引线夹，从而引起意外的断线、接地或短路。

图 2-2　铝材并沟线夹

3. 单螺栓固定柱上隔离刀闸

（1）设计缺陷。隔离刀闸结构简单，起绝缘作用的是触头与底座连接的两个瓷柱，如果瓷柱与底座采用单螺栓的固定模式（见图2-3），与其连接的导线由于安装工艺以及天气与树木带来的额外扭力、拉力，造成导线应力产生变化，绝缘瓷柱会随着导线的扭力、拉力变化，进而造成隔离刀闸动、静触头发生扭转。

（2）缺陷的表现形式。隔离刀闸无灭弧能力，只能在没有负荷电流的情况下分、合电路，由于绝缘瓷柱受力带动触头扭转，造成动、静触头由"面接触"变为"点接触"，通流接触面的减少使得接触电阻显著增加，从而造成接触面由发热逐渐发展为烧毁，动触头的反作用力又施加在设备线夹和磁柱上，进而加大铜铝钎焊设备线夹和瓷柱断裂的可能性。在不停电作业过程中，由于扭力和拉力的作用，隔离刀闸附近的作业，存在隔离刀闸意外分闸、瓷柱断裂或连接线夹断裂的可能，从而造成严重的火弧。

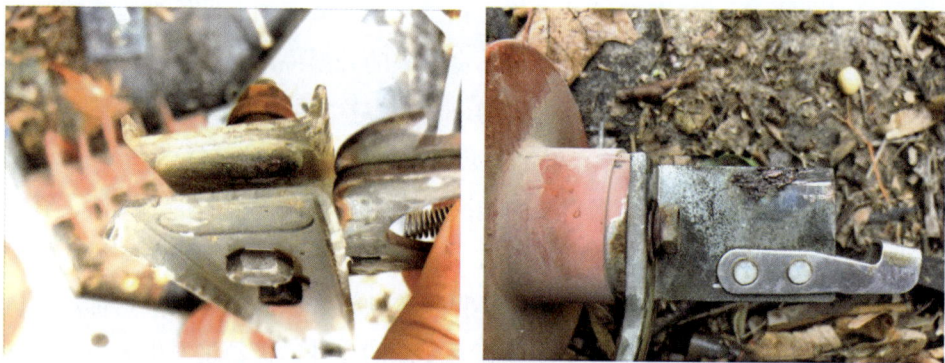

图2-3　单螺栓固定柱上隔离刀闸

2.1.2　施工工艺

1. 铁丝绑扎

（1）工艺缺陷。电力施工中如果使用铁丝进行导线绑扎（见图2-4），因铁丝属于铁磁性物质，磁畴比一般顺磁性物质更能响应外磁场的磁极化，很容易被电磁励磁，被磁化的铁丝在线路运行中形成不均匀磁场，对导线和绝缘子将产生伤害。

（2）缺陷的表现形式。架空线路在带电运行过程中，铁丝绑扎线根据电流的大小将产生一定能量的不均匀磁场，并根据导线电流的大小、频率变化而变化，该磁场根据绑扎工艺的不同在导线表面将产生一定的热量，同时与绝缘子的金属柱之间的磁场变得极不均匀，长期作用下导线将出现损伤、绝缘子瓷质发生断裂、绝缘层烧毁等情况。在不停电进行绝缘子更换作业过程中，被掩盖的导线断股或绝缘子裂缝极易产生断线或接地。

图 2-4　铁丝绑扎工艺

2. 缠绕法接引

（1）工艺缺陷。导线接引位置使用铝绑扎线替代线夹进行引线搭接（见图 2-5），在施工过程中，受操作人员工艺水平和寒冷天气影响，造成绑扎线不同部位的受力不均衡，不能实现引线与主导线紧密贴合，造成了雨水和污秽物极易进入导线结合面，从而引起接引位置通流后发热，导线长时间的通流运行后，发热将造成绑扎线内部导线断股。

图 2-5　缠绕法接引

（2）缺陷的表现形式。绑扎线不同部位的受力不均衡造成的导线断股，由于绑扎线的遮挡难以观察或者判断导线已经发生的断股数量，在进行施工时，对于引起导线晃动或者改变应力的作业，易造成断线。在不停电作业过程中，如果引起断线，造成的火弧将对人身和设备带来安全隐患。

2.2 配电网不停电作业友好型线路装置规划与设计

2.2.1 架空线路优化

在架空线路方面，取消同杆多回线路设置，明确单个耐张段长度不宜超过300m，在线路关键节点加装全绝缘接地引流线夹，综合配电箱加装应急电源接口等。

1. 导线排列方式

采用单回路、双回路，取消三回路、四回路的模块。其中，双回路垂直排列方式横担间距由900mm改为800mm，便于绝缘杆作业法开展。导线排列方式典型设计图见图2-6。

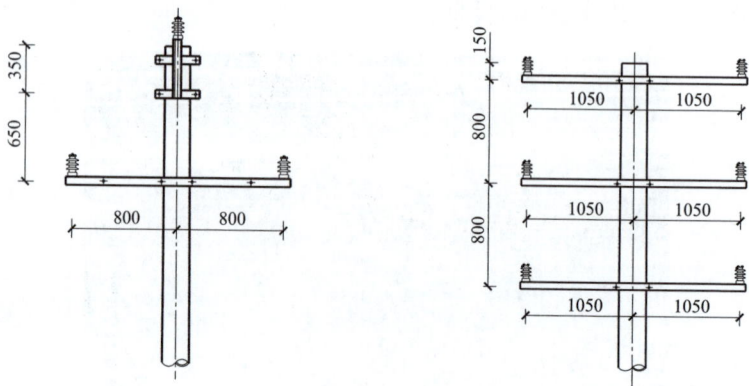

图2-6 导线排列方式典型设计图

2. 耐张段设置

明确单个耐张段长度不宜超过300m，便于旁路作业快速布缆。

3. 接地线夹

高低压架空线路适当位置安装全绝缘接地引流线夹，作为接地和不停电作业引流线夹。全绝缘接地引流线夹典型设计图见图 2-7。

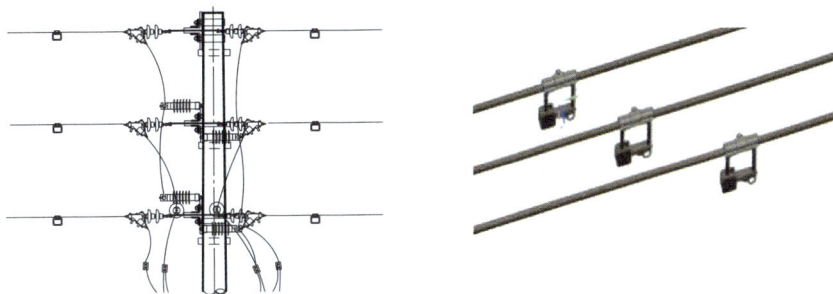

图 2-7　全绝缘接地引流线夹典型设计图

4. 综合配电箱快速接口

在 JP 柜旁加装应急电源接口箱，通过柔性电缆与 JP 柜母线连接，实现 JP 柜应急接口的改造。综合配电箱快速接口示意图见图 2-8。

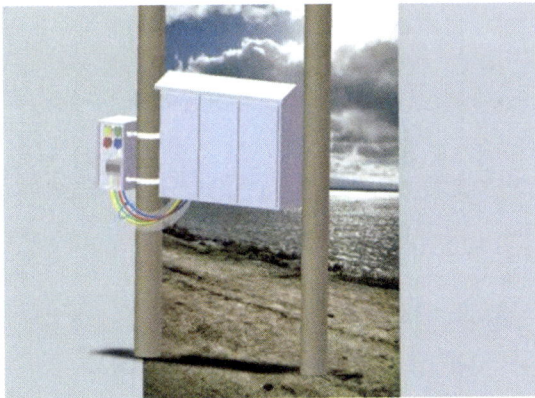

图 2-8　综合配电箱快速接口示意图

2.2.2　电缆设备优化

在电缆设备方面，每段母线加装应急电源接口，取消单母线接线方式，保留单母线分段（带母联）接线方式等。

1. 电缆设备接线方式

新建开关站、环网室、配电室 10kV 主接线取消单母线接线方案，保留单母线分段（带母联）方案，方便负荷转供，满足不停电作业需求。单母线分段（带母联）典型设计图见图 2-9。

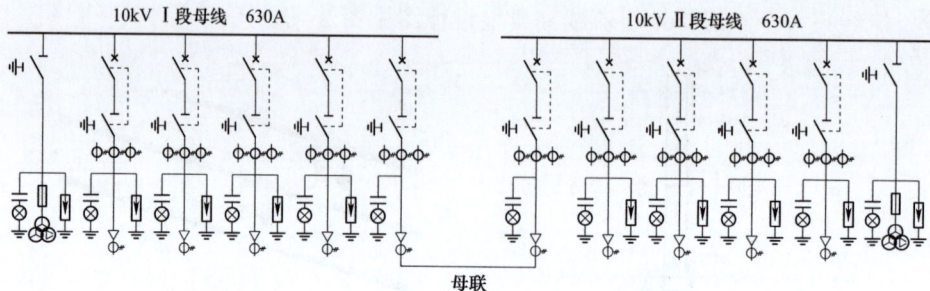

图 2-9　单母线分段（带母联）典型设计图

2. 电缆设备外部电源接入方式

新建 10kV 开关站、配电室、环网室明确每段母线至少预留一个备用间隔用于不停电作业。电缆设备外部电源接入方式示意图见图 2-10。

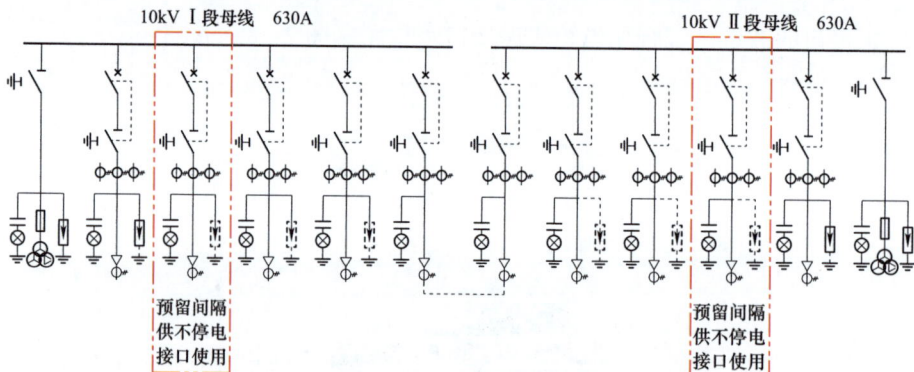

图 2-10　电缆设备外部电源接入方式示意图

2.2.3　规划设计

1. 设计方案

充分考虑配电网不停电作业开展的可行性、安全性、便捷性，从优选线路通道、提升网架结构、预留备用间隔、缩小供电半径等方面不断加大对不停电作业的友好程度，为全面推行不停电作业、拓展新型作业项目等创造有利的作业环境和作业条件。优化网架结构建设设计方案见表 2-1，提高供电能力建设设计方案见表 2-2。

表 2-1		优化网架结构建设设计方案
序号	存在问题	常用建设设计方案
1	除单一大用户单辐射	结合周边线路结构增加联络方式等
2	无联络大分支	根据分支负荷情况切割至备用间隔或其他轻载线路主线或支线等
3	复杂冗余联络	优化联络节点、拆解冗余联络等
4	联络不合理	优化变电站首端联络、超长线路末端联络、同杆架设联络；切割同站、同主变压器联络线路等
5	跨区域供电	割接跨区域线路至本区域负载率可容纳的线路等
6	交叉供电	优化线路布局，改造交叉供电线路，缩短供电半径，避免迂回供电等
7	并间隔出线	切割至备用间隔或其他轻载线路主线或支线等
8	分段不合理	合理配置分段开关位置进行负荷切割，均衡分段负荷等
9	同杆线路陪停	架空入地或差异化构建标准接线

表 2-2		提高供电能力建设设计方案
序号	存在问题	常用建设设计方案
1	不满足线路"$N-1$"要求	备用间隔新出线路切割负载率高线路，优化供电区域，切割高负荷线路至轻载线路或新出线路等
2	轻载线路	合并线路优化结构，优化供电范围，合理均衡负荷等
3	线路末端低电压	安装调压装置或缩短供电半径等

2. 改造方案

（1）架空线路改造。在项目储备及规划设计阶段，应优先考虑新建通道，待通道建成后带电搭接，最大限度减少停电时长。对于无法采用新建通道进行改造的，应优化设计方案，在设计方案里要详细说明哪些改造内容是不停电作业实施，哪些改造内容是停电实施，说明改造实施步骤和临时过渡措施，明确停电时户数，使改造方案影响的户数最少。

（2）电缆线路改造。在项目储备及规划设计阶段，应充分做好新通道或预留管道的设计勘察工作，确保新电缆可提前敷设，缩短停电时长。在联络回路中的电缆改造，应通过负荷灵活倒供，避免用户停电。不在联络回路中的电缆改造，优先考虑利用备用间隔开展旁路作业或利用负荷侧支线进行发电车保供，避免用户停电。

（3）环网柜改造。在项目储备及规划设计阶段，应确认原基础是否匹配、原电缆裕度是否充足，并明确基础改扩建方案及电缆接续方案。在联络通道内的环网柜改造，应通过负荷灵活倒供，减少用户停电，必要时做好末端用户保供电方案。不在联络通道内的环网柜改造，应优先考虑旁路作业、发电车等不停电作业方式，减少用户停电。

（4）变压器改造。在储备变压器建设项目中，新建变压器必须采用不停电作业方式，避免停电。更换变压器应尽量采用旁路作业、发电车等形式，避免停电。

（5）站房改造。仅改造站房高压柜的项目，如高压母线分段的可分段更换高压柜，同时通过低压倒供，实现居民不停电。高压不分段的，高压需全停，低压部分可通过电源车保供，实现居民不停电。涉及低压柜改造的，一般会造成居民停电，涉及高层电梯的电源应采用电源车保供，并充分做好停电前准备工作，特别是低压密集型母线改造，应制订专项方案，确保施工步骤衔接有序，缩短停电时长。

3. 应急电源车应用

原则上以下场景需要使用中压柴油发电车或多功能低压储能车进行供电：

（1）因站房高低压柜或分支箱检修导致高层住宅双路电源同停，需要供电梯等应急电源。

（2）政府、医院、电视广播、敏感企业等重要用户双路同停时。

（3）在零计划停电示范区或其他电网发展示范区内需要对外停电的工程。

（4）应急抢修中短时不能修复，而又无联络电源时，需要使用发电车尽快恢复用户用电。

（5）重要活动。

第3章

配电网不停电作业方法

❯ 3.1 带 电 作 业 ❮

不停电作业是指以实现客户不停电或短时停电为目的，采用多种方式对设备进行检修的作业。配电网不停电作业的提出，对于提升供电可靠性和优质服务水平具有更好的导向作用，突出了供电企业的"优质服务意识"，体现了"以客户为中心"的服务理念。

不停电作业方式主要有以下两种：

（1）直接在带电的线路或设备上作业，即带电作业。

（2）先对客户采用旁路或移动电源等方法连续供电，再将线路或设备停电进行作业。

3.1.1 定义

带电作业是指作业人员直接接触带电部分的作业，或作业人员用操作工具、设备或装置在带电作业区域的作业。电气设备在长期运行中需要经常测试、检查和维修。带电作业是避免检修停电，实现不间断运行、提高供电可靠性的重要措施。实施带电作业不仅可以保证用户良好的用电体验，而且可以创造可观的经济效益。它是配电网维护的重要手段，也是符合电网发展方向的重要技术。

3.1.2 配电网带电作业方法

配电网带电作业方法主要包括绝缘杆作业法和绝缘手套作业法。

1. 绝缘杆作业法

（1）绝缘杆作业法是指作业人员与带电体保持规定的安全距离，穿戴相应的绝缘防护用具（如绝缘服、绝缘面罩、绝缘手套、绝缘裤、绝缘靴等），通过绝缘工具进行作业的方式。

在绝缘杆作业法中，作业人员不直接接触带电体，作业时，在人体与带电体保证安全距离的情况下，绝缘操作杆起主绝缘作用，绝缘手套等绝缘防护用具起辅助绝缘作用。

（2）作业人员通常使用脚扣、升降板登杆至适当位置，系上安全带，保持与带电体电压相适应的安全距离，作业人员用端部装配有不同工具附件的绝缘杆进行作业，如图3-1所示。由于作业中身体会和电杆碰触，所以杆上作业人员可看作始终处在地电位状态。

登杆方式的绝缘杆作业法主要针对乡村道路不利于绝缘斗臂车进入、停放时采取的带电作业方式，是配电线路带电作业较常见的作业方法。该作业方法具有成本低、作业环境不受限制等优点，但其机动性、便利性及空中作业范围不及绝缘斗臂车绝缘手套作业，目前受到绝缘工具、劳动强度等限制在复杂作业项目上开展较少。

（3）作业人员也可以在绝缘斗臂车绝缘斗中或绝缘平台上进行绝缘杆作业法，如图3-2所示。这种作业方式人与大地（杆塔）及带电导体的电位均不同，

图3-1　脚扣登杆绝缘杆作业法

图3-2　绝缘斗臂车绝缘杆作业法

属于中间电位。这种作业方式具有绝缘杆间接作业的较高安全性、绝缘遮蔽工序少等优点，也具有绝缘手套直接作业的作业范围大、机动性强等优点。

绝缘斗臂车绝缘杆作业法也可与绝缘斗臂车绝缘手套作业法配合应用，应用场合如下：

1）多回路装置或复杂装置上作为人手的延长部分，对难以直接到达的部位进行操作。

2）在断、接引线时，当空载线路具有较大电容电流但还不需要使用专用消弧设备时，使引线接入或脱离带电设备。

3）更换绝缘已破坏（具有较大的泄漏电流，但还未造成明显的短路）的设备时，使设备脱离带电线路等。

2. 绝缘手套作业法

（1）绝缘手套作业法是指作业人员穿戴好绝缘防护用具（绝缘帽、绝缘手套、绝缘衣和绝缘靴等），站在高架绝缘斗臂车绝缘斗中或绝缘平台上，直接接触带电体进行作业。

（2）作业时，绝缘斗臂车或绝缘平台作为带电导体与大地间的纵向主绝缘，绝缘手套和绝缘衣等绝缘防护用具、绝缘遮蔽用具作为辅助绝缘。空气间隙作为人体与其他电位物体的横向主绝缘，绝缘手套和绝缘衣等绝缘防护用具、绝缘遮蔽用具作为辅助绝缘，此时绝缘斗臂车或绝缘平台已不起作用，如图 3-3 所示。

绝缘斗臂车具有升空便利、机动性强、作业范围大、机械强度高、电气绝缘性能高、劳动强度低等优点，很适合交通方便的城市和郊区带电作业，是目前配电线路带电作业的主流作业方法。

但绝缘斗臂车也有局限性，如城市中的小街和小巷、农村、山区等，高架绝缘斗臂车开不进去。高架绝缘斗臂车的绝缘臂具有重量轻、机械强度高、绝缘性能好、憎水性强等特点，在带电作业时为人体提供相对地之间的主绝缘防护。绝缘斗具有高电气绝缘强度，与绝缘臂一起组成相对地之间的纵向绝缘。此外，若绝缘斗同时触及两相导线，不会发生沿面闪络。

（3）绝缘平台通常由绝缘人字梯、独脚梯、绝缘斗、绝缘支架等构成。安装在电杆上，能够在一定范围内左右水平旋转和上下升降，以得到较为灵活、机动的作业范围，如图 3-4 所示。作业时，作业人员应穿戴全套绝缘防护用具。

在被检修相或设备上作业之前，必须采用绝缘遮蔽用具对相邻相带电体及邻近地电位物体进行遮蔽或隔离。

图 3-3　绝缘斗臂车绝缘手套作业法

图 3-4　绝缘平台绝缘手套作业法

» 3.2 旁 路 作 业 «

旁路作业是指通过旁路设备的接入，将配电网中的负荷转移至旁路系统，实现待检修设备停电检修的作业方式。即应用旁路柔性电缆、旁路负荷开关等临时载流的旁路线路和设备，将需要停电的运行线路或设备（如线路、断路器、变压器等）转由旁路线路或设备替代运行，再对原来的线路或设备进行停电检修、更换，作业完成后再恢复正常接线供电方式，最后拆除旁路线路或设备，实现整个作业过程对用户不停电，架空线路旁路作业原理图如图 3-5 所示。

旁路作业法是在常规带电作业中注入新的理念，它是将若干个常规带电作业项目有机组合起来，实现"不停电作业"。由此可看出，将旁路作业和常规带电作业灵活地组合起来，可改变电网作业以停电作业为主、带电作业为辅的现状。

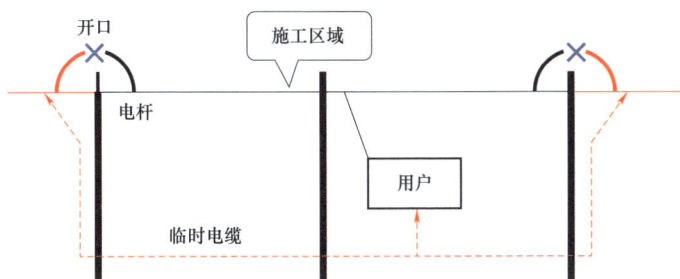

图 3-5　架空线路旁路作业原理图

旁路作业既可以在架空线路上开展，如带负荷更换设备、更换或迁移架空线路、架空线路改电缆线路等；也可以在电缆线路上开展，如检修环网箱之间的电缆线路、检修或更换环网箱等。

» 3.3　应急电源供电 «

应急电源供电是指采用中压或低压发电车、移动箱变车等装备直接、间接向线路或用户供电，通过孤岛、并网等供电方式，对需要检修的线路或设备进行停电作业。

3.3.1　移动中低压发电车供电

当配电设备因故障或计划检修造成低压用户停电时，可以利用移动发电车直接给中压线路或低压用户临时供电此外，对于重要用户的临时保电工作，可以将移动发电车作为客户的备用电源，见图 3-6 和图 3-7。

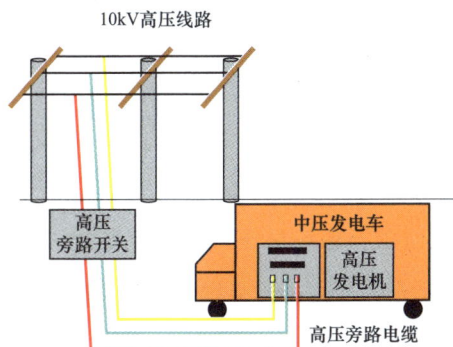

图 3-6　10kV 发电车供电示意图

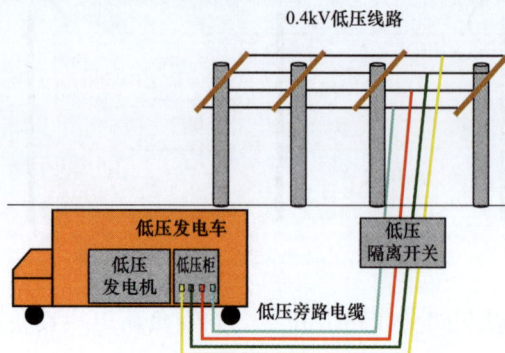

图 3-7　0.4kV 发电车供电示意图

　　配电网很多大型作业，如迁移杆线、更换导线等作业项目，无法直接采用带电作业方式来实现，而采用旁路作业的方式，则受到旁路柔性电缆、旁路负荷开关等投入不足等限制，如采用移动发电车进行临时供电，把需要检修的线路或设备从电网中分流出来，作业完成后再恢复正常接线的供电方式，可实现整个过程对用户少停电或不停电。

　　0.4kV 发电车由于配置的输出功率不大，一般采用对单一用户供电。而 10kV 发电车的输出功率较大，可实现对多条支线的区域客户供电。临时供电装备除了移动发电车以外，还有移动箱变车、移动环网柜车、旁路电缆车等。

3.3.2　移动箱变车供电

　　移动箱变车作业法是利用有车载的箱式配电站，通过高低压旁路电缆接入 10kV 和 0.4kV 线路，使低压负荷转移至移动箱变车供电，实现配电变压器的退出运行及停电检修，检修完成后投入运行，然后移动箱变车退出运行及拆除高低压旁路电缆，见图 3-8。

　　如移动箱变车与线路变压器满足并列运行的条件，则可以在用户不停电的情况下实现负荷转移；如移动箱变车与线路变压器的接线组别不同，不满足并列运行的条件，则可通过用户短时停电的情况下实现负荷转移。在低压用户因故停电的情况下，也可实现从 10kV 架空线路或环网箱取电给移动箱变车对低压用户进行临时供电。

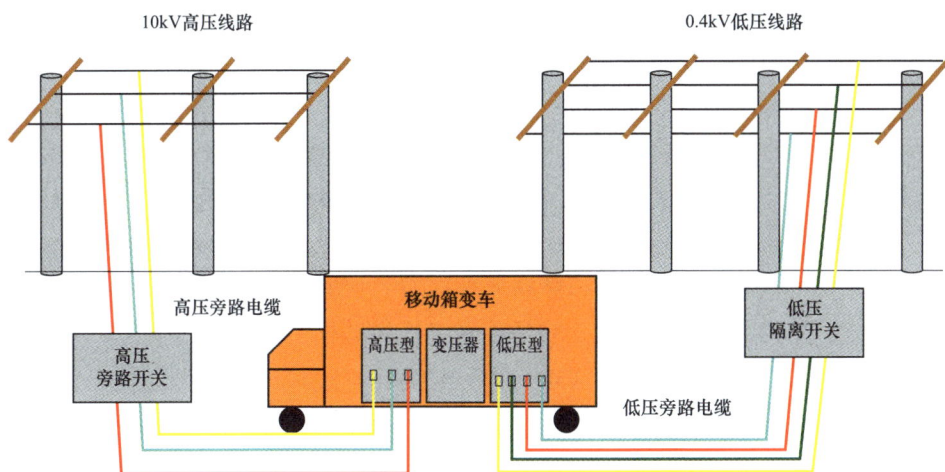

图 3-8　0.4kV 发电车供电示意图

3.4　配电网不停电作业应用及成效

3.4.1　配电网不停电作业在配电网检修应用

多年的架空配电线路不停电作业应用实践证明，配电网不停电作业替代传统的停电作业方式开始融入配电网检修和施工。采用配电网不停电作业检修架空配电线路，解决配电网检修消缺与用户停电矛盾，在保障用户不停电或短时停电的情况下，实现配电网检修消缺；采用配电网不停电作业解决配电网建设改造施工与用户停电之间的矛盾，在保障用户不停电或短时停电的情况下，实现配电网建设改造施工；采用配电网不停电作业解决配电网新增业扩用户接电与原有用户停电之间的矛盾，在保障原有用户不停电或短时停电的情况下，实现配电网业扩随时接电；采用配电网不停电作业，配合重点工程建设，解决配电网停电难，在保障用户不停电或短时停电的情况下，实现重点工程建设施工。

对于绝缘斗臂车等特种车辆能够到达的作业现场，除特殊线路结构（狭窄通道、线间距离不满足带电作业条件）的同杆双回配电线路外，同杆双回架空配电线路的新客户业扩接电、常规检修消缺、安装或更换线路设备、线路电杆移位、架空线入地改造、临时取电等作业内容均可通过配电网不停电作业来实施作业。

对于绝缘斗臂车等特种车辆不能到达的作业现场，单回架空配电线路的常规新客户业扩接电、常规检修消缺、安装或更换线路简单设备等作业内容也可通过配电网不停电作业来实施作业。

除常规配电网不停电检修消缺作业外，带负荷立（撤）杆、直线杆改成耐张杆、直线杆改转角耐张杆、直线杆改耐张杆加装柱上开关、带负荷加装或更换配电网设备（如带负荷加装或更换柱上开关、直线杆绝缘子、避雷器、跌落式熔断器、线夹、引流线、短导线、拉线等）、低压发电车取电通过配电变压器升压保障居民供电、高压发电车取电并入配电线路保障居民供电、利用移动厢变和高低压旁路设备更换运行中的配电变压器等配电网不停电作业内容也在配电网检修施工中得到广泛应用。

随着配电网不停电检修施工融入配电网运检全业务，以及配电网不停电作业不断深化配电网工程应用，配电网不停电作业覆盖面得到进一步提高，配电网不停电作业应用已经从最初的解决架空配电线路业扩接电引起用户停电，向简单的架空配电线路设备检修消缺延伸，逐步发展到应用配电网不停电作业技术常态化开展架空配电线路设备检修消缺，应用配电网不停电作业技术将配电线路或设备旁路或引入移动电源等方法对工作区域的负荷进行临时供电，开展架空配电线路技改工程，目前已经将配电网不停电作业技术应用到架空配电线路迁移杆线、架空线入地改造、配合政府工程迁改架空配电线路等工程建设，以及采用配电网不停电作业实现新建 110kV 变电所投产 10kV 架空配电线路带电、带负荷割接等工程应用，有效破解配电网检修、施工、技改和政府重点工程建设给客户带来的停电，最大限度减少用户停电，有效提高了供电可靠性。

将架空配电线路全业务纳入不停电作业流程管理，在架空配电线路设计时优先考虑便于配电网不停电作业的设备结构及型式，以及便于配电网不停电作业的线夹、金具、旁路接入、快速复电接入辅助设施等，有利于采用配电网不停电作业来实现架空配电线路全业务，从而更好减少停电，提高供电可靠性。

3.4.2　应用配电网不停电作业成效

1. 优化电力营商环境

经济发展，电力先行。2018 年政府工作报告指出，要不断优化营商环境，提升经济发展质量，2020 年国务院出台《优化营商环境条例》，同年国家发展改革委、国家能源局也联合下发《关于全面提升"获得电力"服务水平优化用电营商环境的通知》，指出要提升供电能力和供电可靠性，减少停电时间和停电次数，推广配电网不停电作业技术，采取各种有效措施来提高供电可靠性。

2. 提升电力优质服务

传统的停电作业方式下，供电企业在开展线路或设备检修时按照传统的作业方式必须是有计划的停电作业，而计划停电根据要求必须做到"月度控制，一停多用"，有时客户接电、迁改工程等就需要结合各类停电计划需求，势必造成实施窗口的受限、实施时间的拖长，同时也增加了停电时间，如遇紧急设备故障必须临时停电抢修，突然停电会给客户造成诸多不便。

为此，供电企业除应着力打造坚强可靠智能的电网，让用户享受到高质量的电能，让每一个居民放心用电、满意用电外；还要不断拓展服务途径，延伸服务链条，力求实现"让人民满意用电"的承诺。实施配电网不停电作业，能有效覆盖配电网的业务需求、快速地满足各类涉及电网的作业需要，保障用户供电连续、可靠，从而提高了供电服务效能和质量，更好地履行供好电、服好务的宗旨，有助于供电企业树立良好的形象。

3. 提高供电可靠性

供电可靠性是指供电系统持续供电的能力，是衡量电网企业的核心指标。供电可靠性不仅是企业供电水平的体现，还在某种程度上反映电网企业技术、设备、管理等综合管理水平。对于用户而言，对电网企业的评价条件主要来源于供电可靠性，而充足的电力资源是推动企业可持续发展的重要因素，具有重要的战略意义。因而电力企业要提升自身在市场竞争中的实力，确保企业经济效益和社会效益的双丰收，就需要不断提升配电网供电可靠性。

与传统停电检修模式相比，秉承"能带不停"理念的全业务不停电检修模式可以大幅度减少配电网倒闸操作次数和客户停电数量，降低配电网倒闸操作和检修作业人身安全事故发生。

　　实践证明，高供电可靠性与坚强的配电网架、完善的配电自动化水平以及配电网检修方式关系紧密，坚强的配电网架建设周期长、投资大，配电自动化因自动化设备运行环境恶劣而见效甚微，相比采用配电网不停电作业不仅投资省见效快，并且可持续发展。采用配电网不停电检修方式是当前提高配电网供电可靠性最有效、最直接的措施之一，是当前以及未来提高供电可靠性的最直接最有效的措施。

第4章

旁路作业现场典型实操

4.1 旁路检修开关站进线

4.1.1 实施背景

为进一步提升 10kV 架空线路配电自动化水平，缩短线路故障处理时长，提升用户供电可靠性，某供电公司拟对分支线路进线开关进行不停电更换，同时采取"一停多用"的模式进行综合消缺。如图 4-1 所示，10kV 马克线 13Y 2 号闸口开关站进线电源一次接线图见图 4-1。需将电源开关更换为自动化开关，

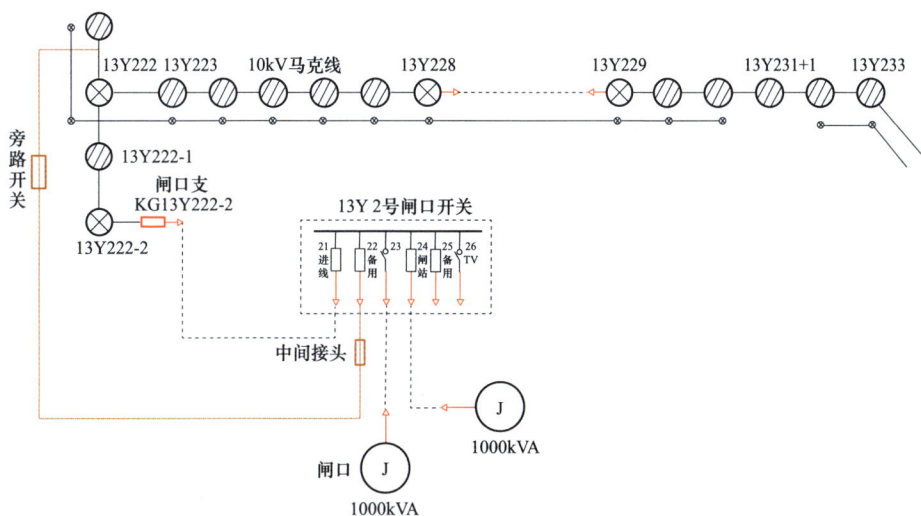

图 4-1 10kV 马克线 13Y 2 号闸口开关站进线电源一次接线图

13Y222-1号杆电杆露筋，杆根有裂纹，电杆本体存在安全隐患，需要尽快进行更换。该开关站共有两个用户，装机容量 2000kVA。其中一用户为闸口，涉及闸口重要水利民生应用，不能停电。

4.1.2　不停电作业方案确定

由于13Y2号闸口开关站没有联络电源，故无法通过倒负荷的方式取得其他电源，经过现场勘查，该开关站有备用间隔（22备用），因此可从电源侧架空线路（10kV 马克线 13Y222 号杆小号侧）临时取电，施放旁路柔性电缆至 13Y 2号闸口开关站 22 号备用间隔，通过备用间隔接入临时旁路作业系统进行供电。经供电系统单线图查询，13Y 2 号闸口开关站共有两个用户，累计容量 2000kVA，同期及近三月最大负载率不超过 48%，负载电流不大于旁路电缆的额定电流，现场场地开阔，无需跨越大型公路等，可以使用旁路系统进行临时旁路供电。

4.1.3　不停电作业方案实施

（1）施工班组开具配电第一种工作票，10kV 马克线 13Y 2 号闸口开关站 22号备用开关施放旁路柔性电缆，一头为欧式电缆头，另一头为旁路快插口，连接中间接头。

（2）自 10kV 马克线 13Y222 号杆施放旁路柔性电缆 25m 至旁路开关，旁路开关施放电缆至中间接头。

（3）柔性电缆在 10kV 马克线 13Y222 号杆上使用绝缘横担固定。

（4）旁路系统敷设完毕后，对整个系统进行绝缘测试。

（5）施工班组办理配电第一种工作票终结。

（6）确认旁路开关分位，10kV 马克线 13Y 2 号闸口开关站 22 号备用间隔开关在分位，拉开接地闸刀，13Y 2 号闸口开关站 22 号备用间隔开关改热备用。

（7）10kV 马克线 13Y 2 号杆带电连接旁路电缆与架空线路，合上旁路开关，确认送电至 10kV 马克线 13Y 2 号闸口开关站 22 号间隔开关下桩头。带电班办理带电工作票终结。

（8）运维班组在 10kV 马克线 13Y 2 号闸口开关站 22 号间隔开关两侧核对相位，核相无误后，合上 10kV 马克线 13Y 2 号闸口开关站 22 号间隔开关。

（9）测量分流正常后，拉开 10kV 马克线 13Y 2 号闸口开关站 21 号间隔开关。拉开 10kV 马克线 13Y222 - 2 号杆开关。闸口开关站 21 号间隔开关改检修。许可带电班组在 10kV 马克线 13Y222 号杆带电断分支线路（闸口支）引线。

（10）运检班组在相应检修区段挂设许可接地后，许可施工班组更换 10kV 马克线 13Y222 - 1 号杆缺陷电杆，将 10kV 马克线 13Y 2 号闸口开关站进线电源开关（KG13Y222 - 2）更换为自动化开关。

（11）检修结束后，施工班组办理配电第一种工作票终结。

（12）确认 10kV 马克线 13Y222 - 2 号杆柱上开关断位，由带电班在 10kV 马克线 13Y222 号杆带电接分支线路（闸口支）引线。

（13）运检班组将 10kV 马克线闸口开关站 21 号间隔开关改热备用，合上 10kV 马克线 13Y222 - 2 号杆柱上开关，并在 10kV 马克线闸口开关站 21 号间隔开关两侧核相，确认无误后，将 10kV 马克线闸口开关站 21 号间隔开关改运行。

（14）运检班组将闸口开关站 22 号间隔开关改热备用。

（15）拉开旁路开关后，许可带电班组 10kV 马克线 13Y 2 号杆带电断旁路电缆与架空线路连接，拆除的旁路电缆使用绝缘横担固定。

（16）运检班组将 10kV 马克线闸口开关站 22 号间隔开关改检修。

（17）施工班组使用配电线路第一种工作票，拆除 10kV 马克线闸口开关站 22 号间隔旁路柔性电缆欧式电缆头。

（18）旁路柔性电缆、旁路开关及中间接头回收。

4.1.4　不停电作业实施成效

作业期间，由于旁路系统的建立和拆除都采用完全不停电的方式进行，10kV 马克线闸口开关站两个用户均未停电，共节约 12 个停电时户数，保障了"闸口"重要民生用户用电"零闪动"。

4.1.5　方案注意点

（1）旁路电缆额定电流通常为 200A，使用前应充分考虑负荷的变化，防止旁路设备过载。

（2）旁路电缆中间接头应使用专用的接头保护盒，保护盒金属外壳应可靠接地。

（3）旁路电缆接入环网柜，应进行相应的绝缘试验，以确保电缆绝缘可靠。

（4）旁路电缆绝缘检测后、拆除前应对三相进行逐项充分放电。

4.2 临时取电检修架空线路

4.2.1 实施背景

为配合市政建设，某供电公司配电网线路 10kV 佰正西线 40 号、41 号杆（同杆双回另一回路为 10kV 佰甘线）及其中间的架空线路需要迁改，经过现场勘查，10kV 佰正西线为双回路排列且高低压线路同杆架设，线路为裸导线，双台架共 3 根电杆需迁移。10kV 一次接线图如图 4-2 所示，其中 10kV 佰正西线 40 号杆用户东方液压容量为 50kVA、41 号杆用户运输宿舍容量为 500kVA，同杆双回线路 10kV 佰甘线 22～35 号杆之间无挂接用户。10kV 佰正西线及同杆架设的 10kV

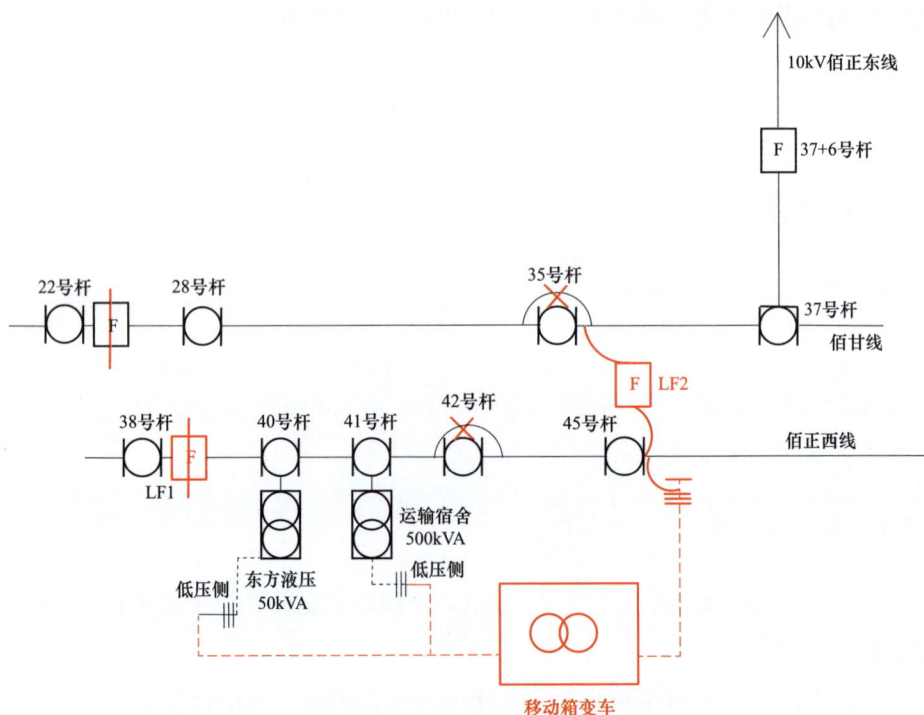

图 4-2 10kV 佰甘线一次接线图（临时取电转供）

佰甘线为重要供电线路，10kV 佰正西线 45 号杆与 10kV 佰甘线 35 号杆同杆，为单辐射型线路，不具备转供条件，10kV 佰甘线可经过联络开关由佰正东线转供。待迁改 10kV 佰正西线 40 号杆、41 号杆所示商业闹市区，供电可靠性要求高，停电困难，现场相对开阔，具备大型作业车辆停放条件。

4.2.2　不停电作业方案确定

经运行单位、施工电位、带电班组现场联合勘查，10kV 佰正西线 40 号、41 号杆低压线同杆架设，并有多根通信线附挂，如采取直接带电立撤杆的方式，作业方式复杂，危险性高。10kV 佰甘线可转供（可由 10kV 佰正东线转供），佰正西线可设置临时分段开关，通过临时取电进行转供电，佰正西线施工地段 40 号杆至 41 号杆之间涉及的东方液压（50kVA）、运输宿舍（500kVA），用户可采用移动箱变车低压临时供电，确保整个迁移过程用户仅在负荷切换过程中存在短时停电。

4.2.3　不停电作业方案实施

（1）10kV 佰甘线由 10kV 佰正东线转供，转供通道为 37 + 06 号杆联络开关，拉开 10kV 佰甘线 22 号杆开关。10kV 佰甘线 22 号杆开关出线至 35 号杆之间未挂接用户，带电断 10kV 佰甘线 35 号杆向小号侧（22 号）侧跳档引线（10kV 佰甘线 22 号杆至 35 号杆有空载电缆，视空载电流大小使用消弧开关），10kV 佰甘线 22 号杆开关出线至 35 号杆之间线路改检修状态。

（2）10kV 佰正西线 45 号杆、佰甘线 35 号杆处，设置临时联络开关 LF2。同时在佰正西线 38 号杆处设置临时分段开关 LF1。

（3）合上 LF2 开关，拉开 LF1 开关，10kV 佰正西线由 10kV 佰甘线（已由 10kV 佰正东线转供）转供。拉开 10kV 佰正西线 40 号、41 号杆配电变压器低压侧总开关，低压出线负荷由移动箱变车转供（经查询，运输宿舍用户负载率为 37%，可采用 1 辆 630kVA 的移动箱变车带 2 路低压输出即可完成低压侧供电需求）。带电断 10kV 佰正西线 42 号杆向小号侧跳档引线。

（4）待迁移杆线区域处双回线路均改为检修状态，许可施工单位停电迁移电杆，工作结束后恢复原线路运行状态。

4.2.4　不停电作业实施成效

（1）10kV 佰甘线、佰正西线施工地段共有用户 40 户，节约户时数共 240 时户数。

（2）10kV 佰正西线施工地段 40 号杆至 41 号杆之间涉及的 2 个用户东方液压（50kVA）、运输宿舍（500kVA）通过移动箱变车临时低压供电，通过"先断后通"的方式，整个迁移过程，用户累计仅有不足 5min 的短时停电。

4.2.5　方案注意点

（1）带电断接空载架空与电缆混合线路，应计算电缆电容电流的影响，大于 0.1A 时需要使用消弧开关。

（2）旁路电缆额定电流通常为 200A，使用前应充分考虑负荷的变化，防止旁路设备过载。

（3）运行设备与旁路设备的交叉倒闸操作宜纳入统一管理，由运维单位统一操作，带电班组负责设备的带电接入与退出。

（4）10kV 佰正西线施工地段 40 号杆至 41 号杆之间涉及的 2 个用户东方液压（50kVA）、运输宿舍（500kVA）低压侧负荷切换至移动箱变车时应注意核对相序。

» 4.3　旁路电缆转供电检修架空线路 «

4.3.1　实施背景

工程实施背景同 4.2 节。

4.3.2　不停电作业方案确定

经运行单位、施工电位、带电班组现场联合勘查，10kV 佰正西线 40 号、41 号杆低压线同杆架设，并有多根通信线附挂，如采取直接带电立撤杆的方式，作业方式复杂，危险性高。10kV 佰甘线可转供（可由 10kV 佰正东线转供），佰正西线可设置旁路供电系统，通过旁路作业临时供电，佰正西线施工地段 40 号杆至 41 号杆之间涉及的东方液压（50kVA）、运输宿舍（500kVA）用户，可采用移动箱变车低压临时供电，确保整个迁移过程用户仅在负荷切换过程中存在短时停电，见图 4-3。

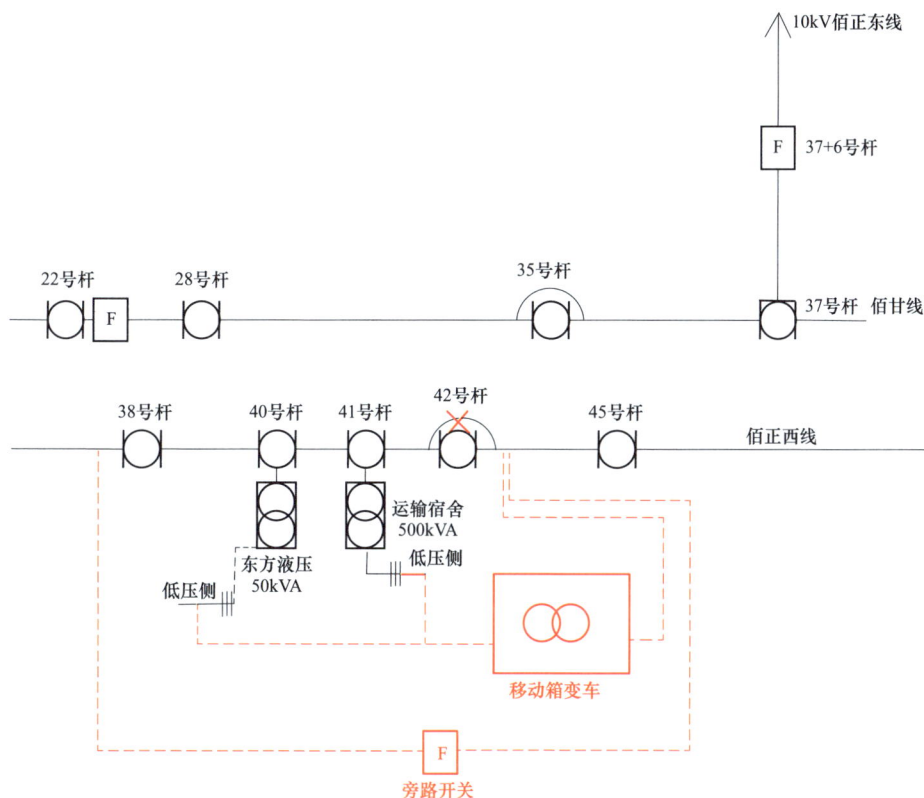

图 4-3　10kV 佰甘线一次接线图（旁路作业转供）

4.3.3　不停电作业方案实施

（1）10kV 佰甘线由 10kV 佰正东线转供，转供通道为 37+06 号杆联络开关，拉开 10kV 佰甘线 22 号杆开关。10kV 佰甘线 22 号杆开关出线至 35 号杆之间未挂接用户，带电断 10kV 佰甘线 35 号杆向小号侧（22）侧跳档引线（10kV 佰甘线 22 号杆至 35 号杆有空载电缆，视空载电流大小使用消弧开关），10kV 佰甘线 22 号杆开关出线至 35 号杆之间线路改检修状态。

（2）10kV 佰正西线在 38 号杆至 42 号杆之间设置旁路系统（旁路设备额定

电流为200A），其中40号与41号杆配电变压器低压出线用户由移动箱变车供电。拉开10kV佰正西线40号、41号杆配电变压器低压侧总开关，低压出线负荷由移动箱变车转供（经查询，运输宿舍用户负载率37%，可采用1辆630kVA的移动箱变车带2路低压输出即可完成低压侧供电需求）。带电断10kV佰正西线42号杆向小号侧跳档引线。

（3）旁路系统投运且分流正常后，由带电班组在10kV佰正西线38号杆向大号侧方向采用柱间导线直接切分的方式断开原供电线路，42号杆向小号侧方向断耐张杆引线。10kV佰正西线38号杆至42号杆之间线路改检修状态。

（4）待迁移杆线区域处双回线路均改为检修状态，许可施工单位停电迁移电杆，工作结束后恢复原线路运行状态。

4.3.4 不停电作业实施成效

（1）10kV佰甘线、佰正西线施工地段共有用户40户，通过旁路作业，10kV佰正西线后段用户完全不停电，累计节约户时数共240时户数。

（2）10kV佰正西线施工地段40号杆至41号杆之间涉及的2个用户东方液压（50kVA）、运输宿舍（500kVA）通过移动箱变车临时低压供电，通过"先断后通"的方式，整个迁移过程，用户累计仅有不足5min的短时停电。

4.3.5 方案注意点

（1）带电断接空载架空与电缆混合线路，应计算电缆电容电流的影响，大于0.1A时需要使用消弧开关。

（2）旁路电缆额定电流通常为200A，使用前应充分考虑负荷的变化，防止旁路设备过载。

（3）运行设备与旁路设备的交叉倒闸操作宜纳入统一管理，由运维单位统一操作，带电班组负责设备的带电接入与退出。

（4）10kV佰正西线施工地段40号杆至41号杆之间涉及的2个用户东方液压（50kVA）、运输宿舍（500kVA）低压侧负荷切换至移动箱变车时应注意核对相序。

（5）旁路系统接入后，应测流确认分流正常后，才能进行后续断引线等工作。

（6）旁路系统分流正常后，宜先断10kV佰正西线42号杆耐张杆引流线，

38 号杆向大号侧方向采用柱间导线直接切分的方式断开原供电线路时应采用专用工器具。

》 4.4　双回架空线路临时取电检修开关站 《

4.4.1　实施背景

某供电公司 10kV 翟犁 120 线 18 分支出线开关站需要停电检修，因 18 分支所带用户较多，且多为重要用户，该分支未设联络开关，因此需要在保证 10kV 翟犁 120 线 18 分支后段用户不停电的情况下，开展出线开关站的检修工作。

4.4.2　不停电作业方案确定

（1）为避免 10kV 翟犁 120 线 18 分支用户失电，采用移动环网柜车及其他旁路设备作为联络开关，使此分支用户临时由 10kV 翟湖 115 线提供负荷。经前期现场勘查，决定采用旁路作业法临时新设环网柜（车）联络同杆架设的翟湖 115 线，选点在翟湖 115 线、翟犁 120 线的 18 - 7 号杆，此处路段较为宽阔，适合多车辆同时停放。

（2）由不停电作业人员新设临时旁路系统，先将 10kV 翟犁 120 线 18 分支负荷转移至翟湖 115 线，再将提供负荷的翟犁 120 线环网柜出线至该线路分 1 号开关断开，从而满足翟犁 120 线 18 分支不失电。调阅 10kV 翟犁 18 分支负荷发现，此分支有公用变压器 4 台，专用变压器 2 台，均为重要用户，分支所测三相电流均在 14A 左右，根据近期负荷经计算两条线路的合环电流在 170A 左右，使用移动开关车作为两条线路的临时联络开关是完全可行的。

施工示意图见图 4 - 4。

4.4.3　不停电作业方案实施

（1）施工当日，将两条线路分别同相接入移动环网柜（车）1 号、2 号出线柜，核相完成，合上 1 号、2 号出线开关（此时两开关作为两条线路联络使用），检测合环电流为 203A（见图 4 - 5）。

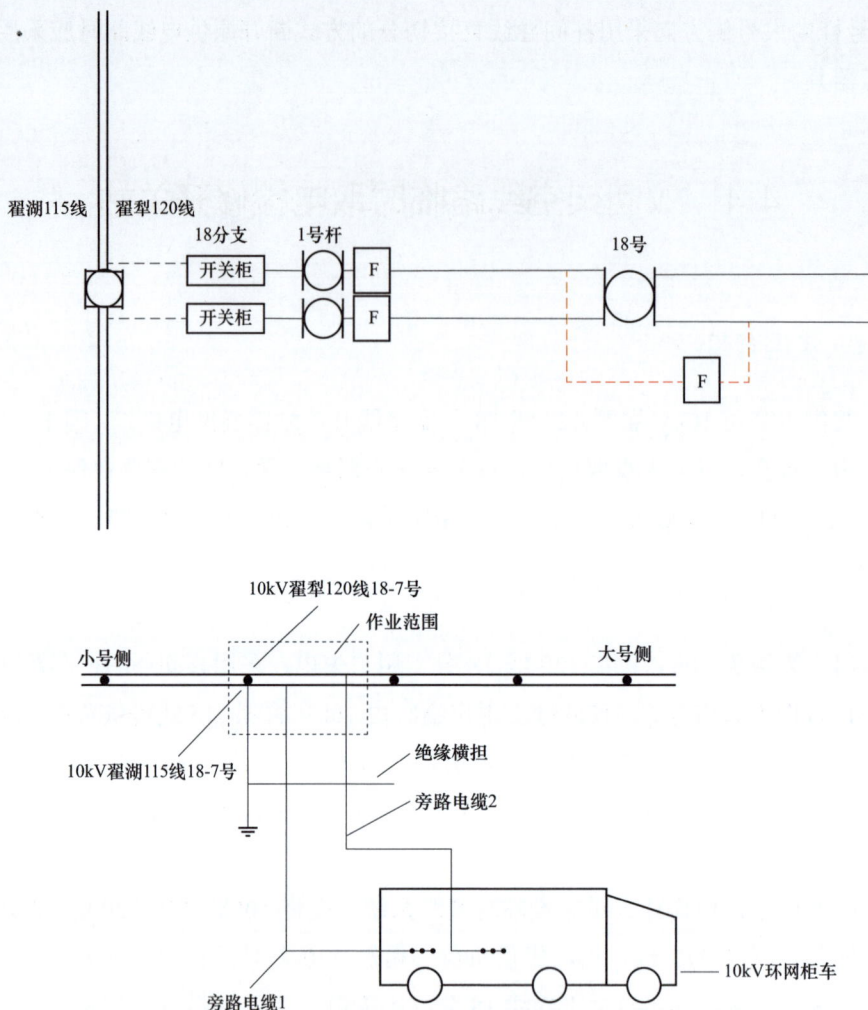

图 4-4　施工示意图

（2）拉开翟犁 120 线分 1 号开关，此时检测负荷电流 11A。

（3）检修工作结束后，先合上翟犁 120 线分 1 号开关，此时检测合环电流 199A（见图 4-6）。分别断开环网柜（车）1 号、2 号开关，此时联络开关完全退出，线路全线负荷正常。

4.4.4　不停电作业实施成效

（1）10kV 翟犁 120 线 18 分支负荷转移后，停电检修工作历时 11h，减少停电用户 6 个，累计减少 66 停电时户数。

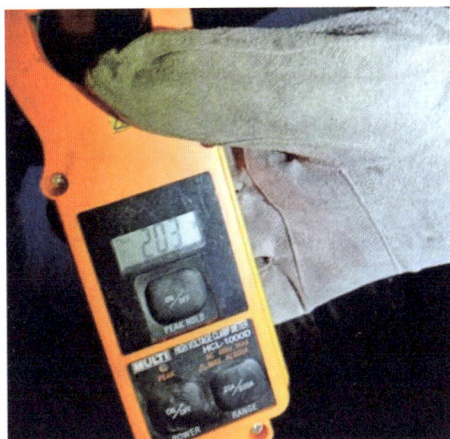

图 4-5　检测合环电流 1　　　　　图 4-6　检测合环电流 2

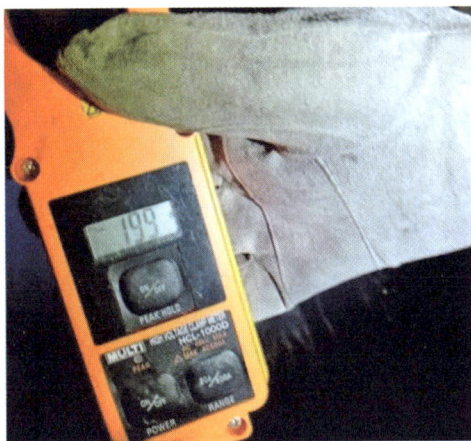

（2）由旁路开关车及柔性电缆等旁路设备搭建的旁路系统，整个接入和退出的过程均采用热倒"先断后通"的方式进行，10kV 翟犁 120 线 18 分支后段用户用电"零闪动"。

4.4.5　方案注意点

（1）旁路电缆额定电流通常为 200A，使用前应充分考虑负荷的变化，防止旁路设备过载。

（2）合环后旁路电缆瞬时通流较大时，应尽快倒闸操作，恢复正常运行模式，确保系统运行安全。

（3）旁路系统的接入和退出，若采用热倒的方式进行，合环前应进行周密详细的计算论证，确保系统运行稳定正常。

❯ 4.5　不停电更换配电室两台
配电变压器及高压开关站 ❮

4.5.1　实施背景

某供电公司 10kV 月亮 2 号线栖月苑变电站中环网柜和主变压器老旧，并有小区业主反映配电变压器产生噪声影响周围业主的日常生活。为防止老旧设备造成安全隐患,提高供电的可靠性,提升供电服务水平,需对 10kV 月亮 2 号线栖月苑变电站中环网柜和主变压器进行更换。10kV 栖月苑变电站由上游望月 10 号环网柜供电,下游接栖月苑环网柜,其电气接线如图 4-7 所示。

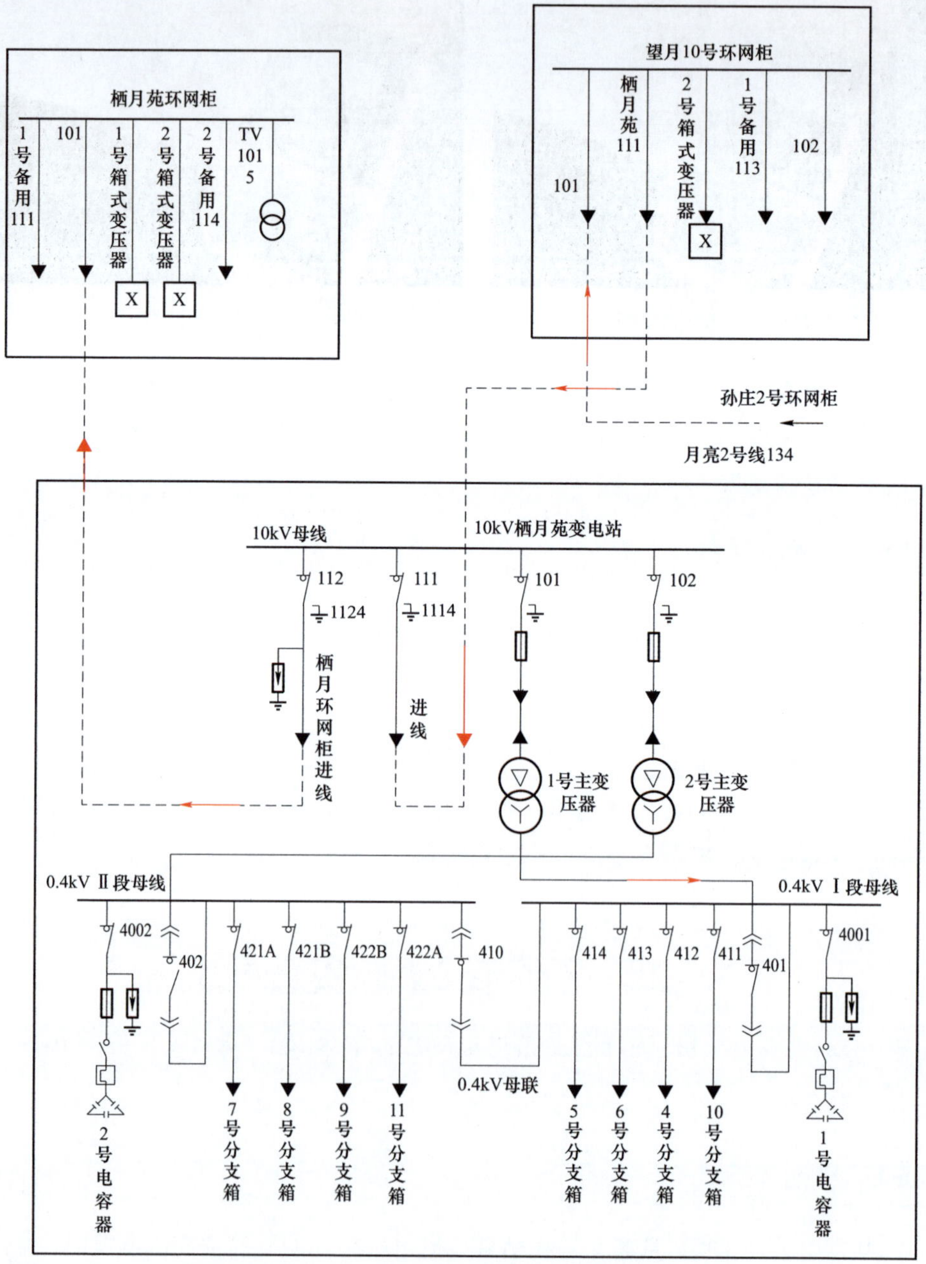

图 4-7 栖月苑变电所相关电气接线图

10kV 栖月苑变电站中设备位置分布示意图如图 4-8 所示，1 号主变压器与2 号主变压器分别布置在环网柜的南北两侧，2 号主变压器目前处于停电状态，低压用户均由 1 号主变压器供电。

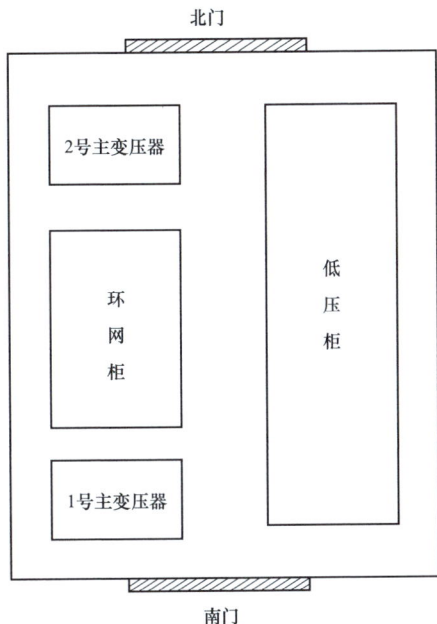

图 4-8　10kV 栖月苑变电站设备位置分布示意图

4.5.2　不停电作业方案确定

更换 10kV 栖月苑变电站中的环网柜和主变压器原定的更换方式为停电更换，断开上游 10kV 栖月苑 111 开关后对环网柜和主变压器进行更换，更换的过程需要数小时，造成 10kV 栖月苑变电站中用户和下游栖月苑环网柜中用户的长时间停电，对用户造成经济损失，对小区用户的生活带来诸多的不便。由此决定采用移动箱变车与旁路电缆相结合的大型综合不停电作业方法对 10kV 栖月苑变电站中的环网柜和主变压器进行更换，提高供电可靠性。

4.5.3　不停电作业方案实施

为了尽可能地缩小停电范围和减少停电时间，采用移动箱变车与旁路电缆相结合的大型综合不停电作业方法对 10kV 栖月苑变电站中的环网柜和主变压器进行更换，实现用户零停电检修。

（1）从 10kV 庆松环网柜敷设旁路电缆至 10kV 栖月苑环网柜，旁路电缆两端分别连接至庆松环网柜 2 号备用 112 间隔和栖月苑环网柜 2 号备用 114 间隔，实现 10kV 庆松环网柜对栖月苑环网柜临时供电。

（2）采用移动箱变车对 10kV 栖月苑变电站用户临时供电，避免 10kV 栖月苑变电站用户长时间停电。将 10kV 庆松环网柜作为中压电源点，由移动箱变车对 10kV 栖月苑变电站 1 号、2 号主变压器低压侧供电。

（3）采用旁路电缆对 10kV 栖月苑环网柜临时供电，在 10kV 庆松环网柜 2 号备用 112 间隔与 10kV 栖月苑环网柜 2 号备用 114 间隔临时连接的旁路电缆上，安装 T 型三通接头，将电源转供至移动箱变车，移动箱变车低压侧通过柔性电缆与 10kV 栖月苑变电站低压侧相连。施工方案电气接线图见图 4–9。

4.5.4　不停电作业方案成效

采用综合不停电作业方式开展本项工程，首先进行运行方式调整，将停电范围压缩最小，再通过移动箱变车和柔性旁路电缆构建临时旁路系统，完成配电室主变压器及高压开关站的更换工作，实现待检修设备不停电更换。最终避免周边 28 家商户、650 户居民停电，减少停电时户数，提高供电可靠性。

4.5.5　方案注意点

（1）敷设旁路柔性电缆，应将中、低压侧柔性电缆各段紧密连接，并按相色分别将中、低压柔性电缆与移动箱变车高、低压连接端口紧密连接。

（2）将 10kV 栖月苑变电站低压二段母线停电后，施工人员将转接箱接入 10kV 栖月苑变电站低压 422A 开关负荷侧，同时将移动箱变车低压侧柔性旁路电缆接入，经核相无误后，10kV 栖月苑变电站低压侧用户改为由移动箱变车进行供电。

（3）工作结束后，10kV 栖月苑变电站中压设备恢复送电，经低压停电调电后，施工人员在 10kV 栖月苑变电站转接箱处拆除柔性电缆接头，并恢复原运行方式。

（4）栖月苑环网柜恢复正常供电方式，旁路系统退出运行后，施工人员拆除庆松环网柜和栖月苑环网柜的中压柔性旁路电缆接头，栖月苑环网柜恢复原运行方式。

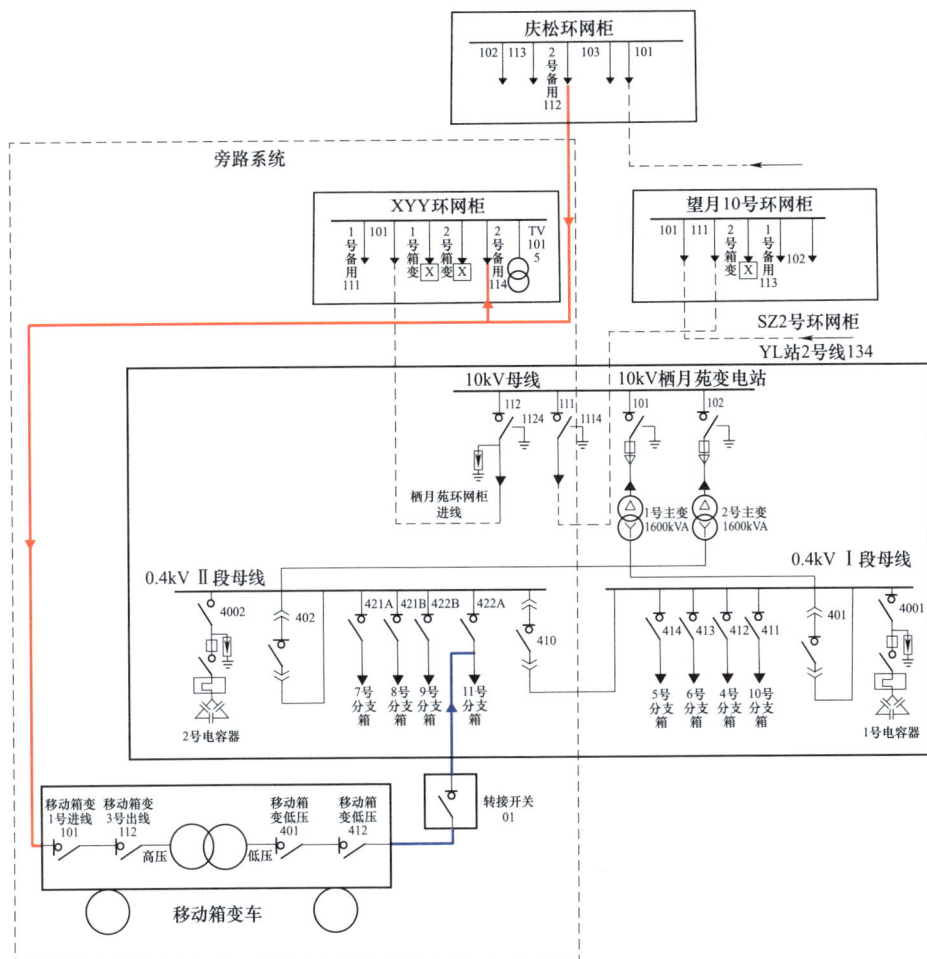

图 4-9　施工方案电气接线图

» 4.6　双回路架空线路不停电改电缆线路 «

4.6.1　实施背景

因城市建设需求，某供电公司需将架设同杆双回线路 10kV 溪荆 112 线、邮雅 111 线 07～10 号杆间架空导线拆除，分别保留 07 号杆和 10 号杆，拔除 08 号、09 号杆，将原架空供电线路改为电缆线路进行供电，同时分别在新设电缆中串入新设环网柜。新设环网柜进线侧从 10kV 溪荆 112 线、邮雅 111 线 06 号杆新放电缆至新立环网柜进行间隔，出线侧由新立环网柜新放电缆至 10kV 溪荆 112 线、邮雅 111 线 10 号杆上杆至架空线路，为后段线路提供电源。

10kV 溪荆 112 线、邮雅 111 线线路结构单一，见图 4-10 和图 4-11。10kV 邮雅 111 线全线无转供联络点，不具备其他联络电源点进行转供的条件。10kV 溪荆 112 线仅在 30 号杆处有联络至 10kV 皋桥线 121 号杆的联络转供点。

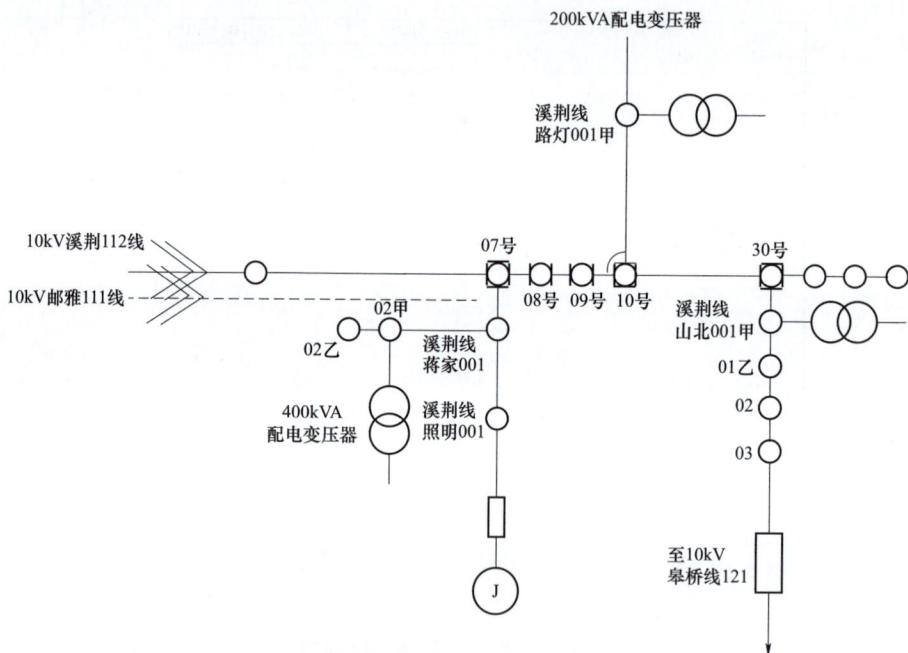

图 4-10　10kV 溪荆 112 线单线图

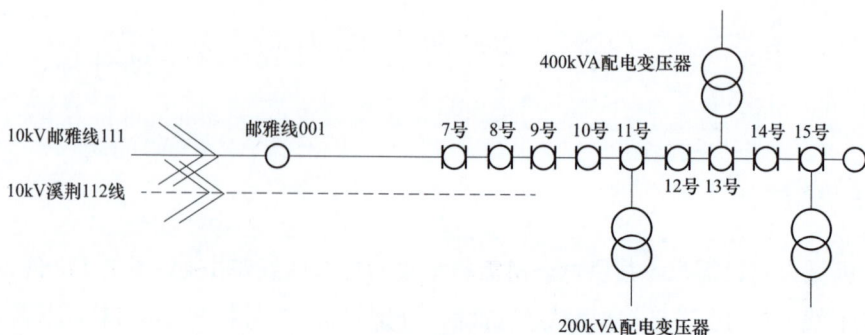

图 4-11　10kV 邮雅 111 线单线图

4.6.2　不停电作业方案确定

（1）若采用停电检修的方式，10kV 溪荆 112 线 07 号至 10 号杆间架空导线拆除等工作需要的停电范围，预计停电时户数 54 时·户；10kV 邮雅 111 线 07 号至 10 号杆间架空导线拆除等工作需要的停电范围，预计停电时户数 51 时·户。双回路同时停电，停电时户数损失较大，严重当地生产、生活用电。

（2）优化方案一：计划在 10kV 溪荆 112 线、邮雅 111 线 32 号杆带电加装柱上开关，通过同杆互联方式新建联络，溪荆 112 线、邮雅 111 线 30 号杆后段负荷全部通过 10kV 皋桥线 121 号杆同时联络转供。在 10kV 溪荆 112 线、邮雅 111 线 30 号杆采取带电断引线方式与大号侧带电线路形成明显隔离，两条线路的预计停电时户数 29 时·户。但由于 10kV 皋桥线与 10kV 溪荆 112 线的联络点位于线路末端，皋桥线不具备完全转供能力。

（3）继续优化施工方案：采用新敷设电缆线路及开关站作为旁路系统，如图 4-12 和图 4-13 所示，通过溪荆 112 线、邮雅 111 线 06 号杆至 10 号杆下新设环网柜和电缆组建旁路，将新设环网柜电源侧进线电缆、负荷侧出线电缆分

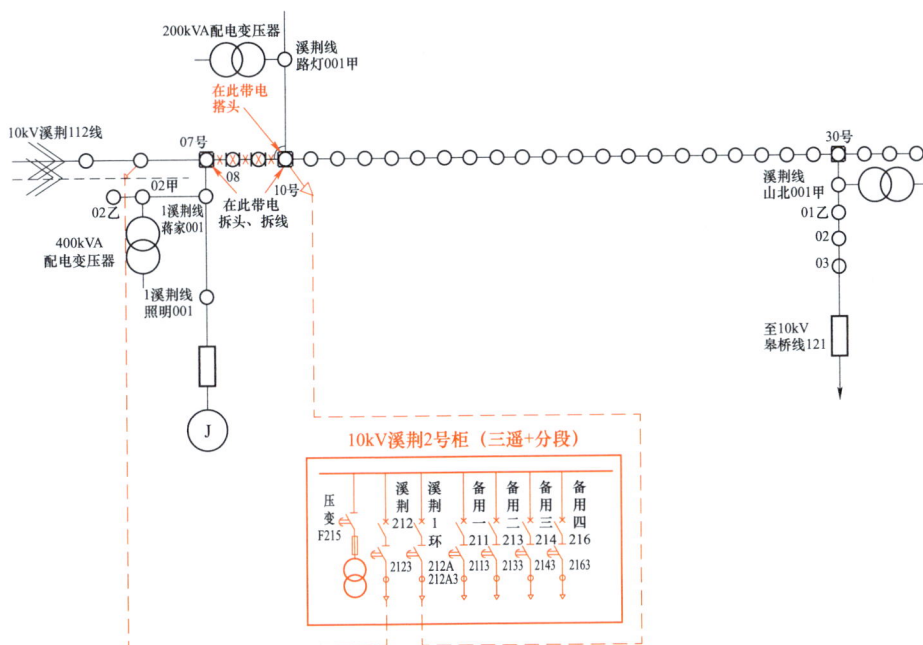

图 4-12　10kV 溪荆 112 线施工简图

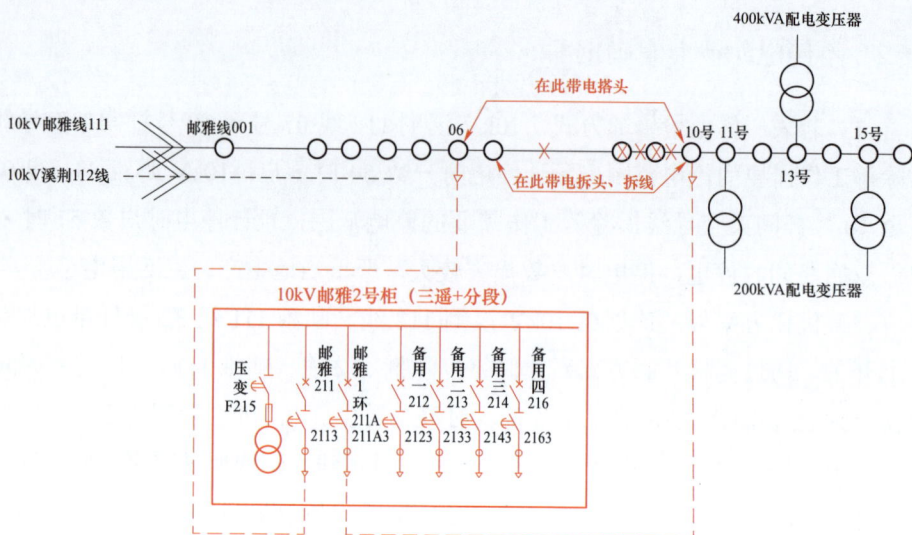

图 4-13　10kV 邮雅 111 线施工简图

别采用带电接空载电缆与架空线路连接引线的方式在溪荆 112 线、邮雅 111 线06 号杆和 10 号杆进行搭接，然后分别合上环网柜内进、出线开关，实现溪荆 112线、邮雅 111 线 06 号杆至 10 号杆架空线路与电缆线路并列运行，最后在溪荆112 线、邮雅 111 线 06 号杆和 10 号杆采取带电断引线及卸线的作业方式，将 07号杆至 10 号杆间的导线及电杆拆除，实现零停电检修。

4.6.3　不停电作业方案实施

（1）施工单位作业人员持配电第二种工作票做好准备工作。新设环网柜提前就位安装好，环网柜进、出线电缆制作完毕，固定在电杆下部。电缆固定在电杆时，工作人员、电缆终端头与 10kV 运行线路保持足够的安全距离，电杆下方设专人监护。

（2）运行单位对新设环网柜、电缆验收合格后汇报调度，新设环网柜内所有开关分闸，接地闸刀拉开，设备移交调度管辖。

（3）运行单位申请 10kV 溪荆 112 线、邮雅 111 线重合闸停用后，许可第一阶段带电作业施工，将 10kV 溪荆 112 线 2 号柜进线电缆、溪荆 212 线、溪荆 2号柜溪荆 1 环出线电缆分别带电搭接至溪荆 112 线 06 号、10 号杆。将 10kV 邮雅 111 线 1 号柜邮雅 211 线电缆、邮雅 1 号柜邮雅 1 环出线电缆分别带电搭接至

10kV 邮雅线 06 号、10 号杆。

（4）新设环网柜进出电缆引线搭接完毕后，运行人员向配调汇报，并根据配调指令对环网柜进行操作送电。溪荆 2 号柜溪荆 212 开关合闸，在溪荆 1 环 212A 开关处核相正确。邮雅 1 号柜邮雅 211 开关合闸，在邮雅 1 环 211A 开关处核相正确。溪荆 2 号柜溪荆 1 环 212A 开关合闸，邮雅 1 号柜邮雅 1 环 211A 开关合闸。此时 10kV 溪荆 112 线 06 号至 10 号杆间架空线路与溪荆 2 号柜并列运行。10kV 邮雅 111 线 06 号至 10 号杆间架空线路与邮雅 1 号柜并列运行。

（5）作业人员使用钳形电流表测量，确认旁路分流正常，成功并列运行后，运行单位许可带电作业拆头在溪荆 112 线、邮雅 111 线 06 号杆和 10 号杆对原架空线进行引线拆除等工作，先后完成 10kV 溪荆 112 线 07 号杆、10 号杆带电断耐张杆引流线及卸线；10kV 邮雅 111 线 07 号杆、10 号杆带电断耐张杆引流线及卸线。

4.6.4　不停电作业方案成效

通过多次作业方案优化，选择工程电缆+环网柜的旁路构建方式，且双回路旁路作业同步进行，有效避免了配电网主干线旁路作业柔性电缆额定电流不足的问题，实现完全不停电的情况下完成溪荆、邮雅线同杆双回路主干线架空线路改电缆线路及新设环网柜工程，共减少 735 个时户数，保障了附近小区居民、商场用户等 5633 个用户的正常用电。为城市建设中配网建设改造提供了更优的施工方案，拓宽了旁路作业的思路，具有较好的实践指导意义。

4.6.5　方案注意点

（1）带电接环网柜进出线电缆与架空线路连接引线时，应通过绝缘电阻表检测，确认电缆线路为空载且变压器、互感器等已退出运行。

（2）旁路建立完成后，在溪荆 112 线、邮雅 111 线 06 号杆和 10 号杆对原架空线进行带电拆断引线前，应通过钳形电流表确认旁路分流正常。

（3）带电卸线注意杆塔受力变化，做好防倒杆措施，严格按照规范施工，不得采用直接剪断方式进行拆线、卸线等工作。

4.7 综合不停电作业架空线分支线路"上改下"

4.7.1 实施背景

某供电公司 10kV 华清 G66 线（单线图见图 4-14）华清支三 1 号杆至 5 号杆缘层破损，杆塔存在严重老化倾斜，水平距离不满足安全运行要求，严重影响供电安全，需考虑将原架空线路改为电缆入地。工程拆除 10kV 华清 G66 线华清支三 1 号杆至 5 号杆架空线路，新建 10kV 华清 G66 线华清支三 1 号开关站（二进四出）1 台，新建双回钢管杆 1 基，改电缆入地。在原 10kV 华清 G66 线华清支三 1 号钢管杆处，沿着朝阳路南侧（离朝阳路路牙 8m）向西新建 4 孔电缆管道 48m 和 6 孔电缆管道 136m 至新建 10kV 华清 G66 线华清支三 1 号开关站（二进四出）；10kV 华清 G66 线华清支三 1～5 号用户割接至新设开关站；10kV 华清 G66 线华清支三 1 号开关站进线电缆与 10kV 北阳 G92 线 7 号、8 号杆接通。进一步提高供电安全性、可靠性。

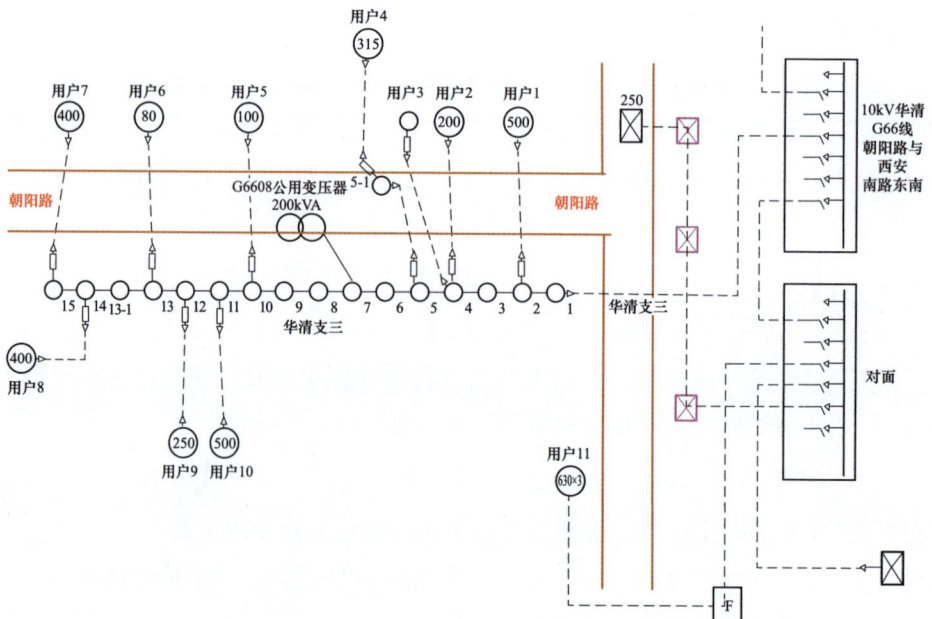

图 4-14 10kV 华清 G66 线单线图

4.7.2　不停电作业方案确定

10kV 华清 G66 线华清支三有 11 个用户，为优化营商环境，减少对重要用户影响，决定采用带电组立钢管塔、直线改耐张、联络电缆切换供电电源、中低压发电车临时供电等综合不停电作业将停电时户数降为零，见图 4-15。

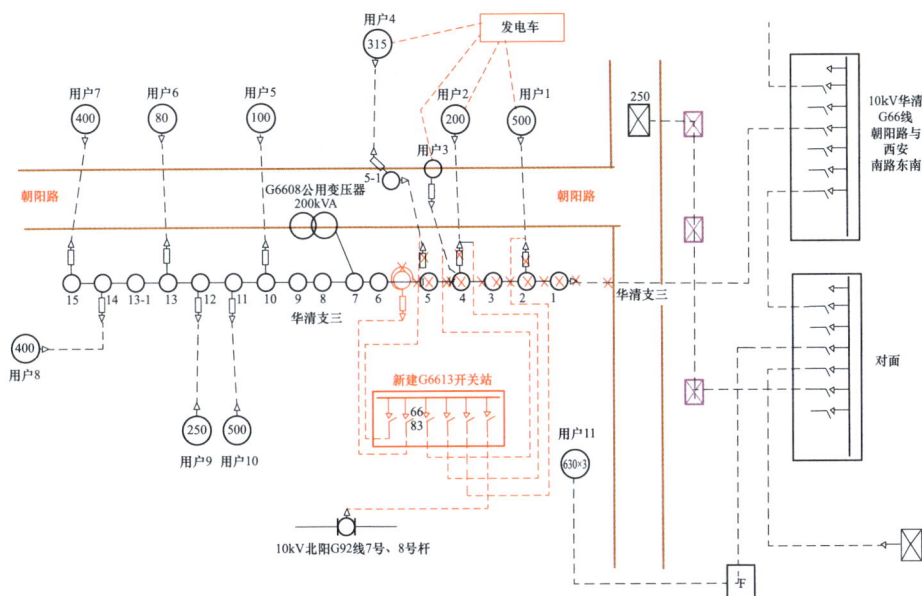

图 4-15　10kV 华清 G66 线华清支三改接示意图

4.7.3　不停电作业方案实施

（1）在 10kV 华清 G66 线华清支三 5 号、6 号杆之间带电新立钢管塔，如图 4-16 所示。在 10kV 华清 G66 线华清支三 5 号杆处有用户设备搭接点。经现场勘查决定在新立钢管塔两侧各安装 6m 绝缘遮蔽，使用长 3m 绝缘护管，作业点两侧 3m 范围内绝缘护管外加绝缘毯包裹，绝缘毯多层包裹。导线绝缘遮蔽完成后，使用吊车配合将绝缘导线牵引至安全距离之外。组立钢管塔位于 10kV 华清 G66 线华清支三 5 号、6 号杆之间，10kV 华清 G66 线华清支三 5 号杆有泵站电源搭接点，需使用绝缘毯等绝缘遮蔽用具进行绝缘遮蔽。10kV 华清 G66 线华清支三 6 号杆大号侧有已经拆除的搭接点，需进行绝缘遮蔽，防止作业过程扎线松动，引发相间短路。

图 4-16   10kV 华清 G66 线现场组立钢管塔

（2）10kV 华清 G66 线华清支三 5 号、6 号杆之间新立钢管塔带电直线改耐张；10kV 华清 G66 线新建 G6613 开关站内至华清支三 5 号、6 号杆间新立杆上杆电缆敷设，与架空线路带电搭接。

（3）10kV 华清 G66 线新建 G6613 开关站进线电缆敷设至 10kV 北阳 G92 线 7 号、8 号杆，与架空线路带电搭接，应注意核对相序，新建 G6613 开关站母排通电。

（4）合上 10kV 华清 G66 线新建 G6613 环网箱内至华清支三 5 号、6 号杆间新立杆电缆出线间隔开关合闸，送电至华清支三 5 号、6 号杆间新立杆柱上开关下桩，核对开关两侧相序一致。拉开 10kV 华清 G66 线华清支三 1 号杆电源开关，合上华清支三 5 号、6 号杆间新立杆柱上开关，此时 10kV 华清 G66 线华清支三由 10kV 北阳 G92 线进行供电。

（5）使用中低压发电车对 10kV 华清 G66 线华清支三 1～5 号杆用户进行保供电。将 10kV 华清 G66 线华清支三 1～5 号用户切割至 10kV 华清 G66 线新建 G6613 开关站内。

（6）断开 10kV 华清 G66 线华清支三 5 号、6 号杆之间新立钢管塔耐张引线。配合拆除断开 10kV 华清 G66 线华清支三 1～5 号线路。

4.7.4   不停电作业实施成效

通过多次、多组综合不停电作业，将该工程停电时户数减少为零，有效避免支线 11 个用户停电，减少 66 个停电时户数，提高供电可靠性。并拓展不停电组立钢管塔新项目，提升作业能力。

4.7.5 方案注意点

（1）10kV 华清 G66 线华清支三电源点切换应根据上级电源运行方式确认是否采用并环热倒，或采用"先通再断"方式。

（2）10kV 华清 G66 线华清支三 1～5 号杆用户割接至新设开关站时，由于采用了发电车保电，检修时应做好防止倒送电措施。

▶ 4.8 带负荷直线杆档内架空线路改耐张 ◀

4.8.1 实施背景

某供电公司 10kV 溪湖 127 线 22-4 号杆以后架空线路需要市政迁改，一期工程如图 4-17 所示，此杆以前小号侧均带有分支线路，不适合直线杆改为耐张杆作业。而此线路二期也需整体迁改入地，故需在直线杆档内将直线改为耐张，为一期线路迁改入地做好前期准备，以此保证此耐张点小号侧架空线路和环网站所带用户不停或少停电，从而提高供电户时数。

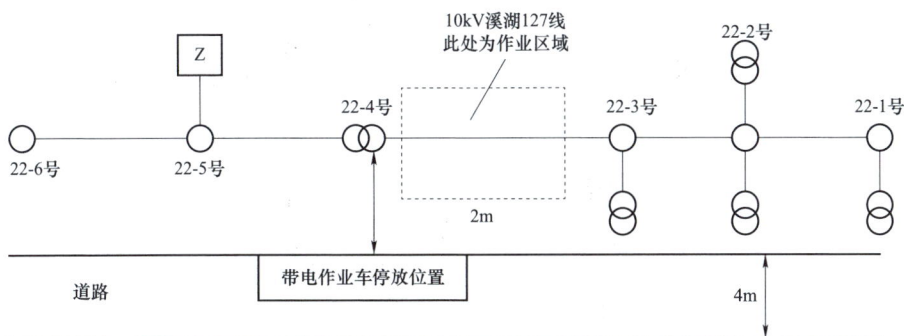

图 4-17　10kV 溪湖 127 线一期迁改示意图

4.8.2 不停电作业方案确定

为确保最小的停电范围以及停电时户数的影响，在前期对线路进行勘查制订方案时，曾考虑过转供负荷或者不停电作业的方式来减小线路改造对供电可靠性的影响，但由于以下原因未能实施：10kV 溪湖 127 线无有效联络电源，所有分支所带公用变压器均在大型老旧小区内，发电车及带电作业车无法进入，故只有采取分段改造来缩小停电范围。经调阅 10kV 溪湖 127 线 22-4 号杆小号侧所带负荷发现，该分支共有公用变压器 14 台，专用变压器 4 台，在档内直线改耐张，缩小停电范围是完全可行的。

4.8.3 不停电作业方案实施

（1）在停电施工（10kV 溪湖 127 线 22-4 号杆后段市政迁改）前一天，先将 10kV 溪湖 127 线 22-3 号至 22-4 号档内直线改为耐张（见图 4-18），施工当日再将直线耐张内弓子线断开，后侧迁改顺利完成。

（2）待后侧迁改顺利完成后，将直线耐张内断开的弓子线恢复。

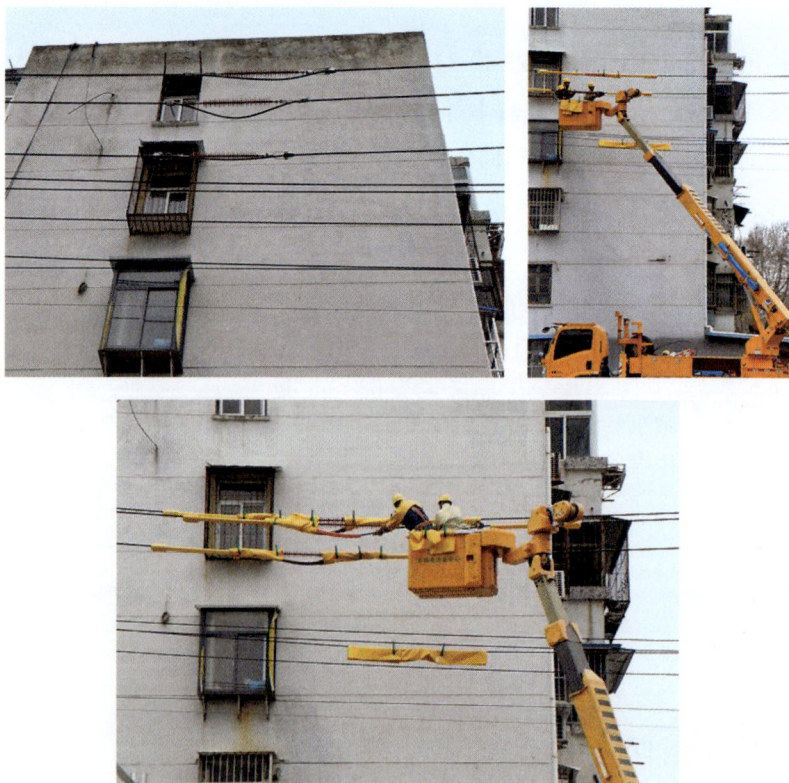

图 4-18 10kV 溪湖 127 线 22-3 号至 22-4 号档内直线改耐张

4.8.4　不停电作业实施成效

（1）10kV 溪湖 127 线 22-4 号杆后段市政迁改检修停电 8h，供电量测算约 3100kW·h，通过 10kV 溪湖 127 线 22-3 号至 22-4 号档内直线改耐张，少停 18 个用户，共计减少 144 停电时户数。

（2）直线杆档内架空线路改耐张，突破现有线路网架存在无合适的耐张杆作为开断点、紧线裕度小无法改耐张、直线杆 T 接引线无法改耐张、绝缘斗臂车无法到位、蜈蚣梯作业无法恢复中相跳线等问题的局限，是一种有效的能缩小停电范围的作业方式，见图 4-19。

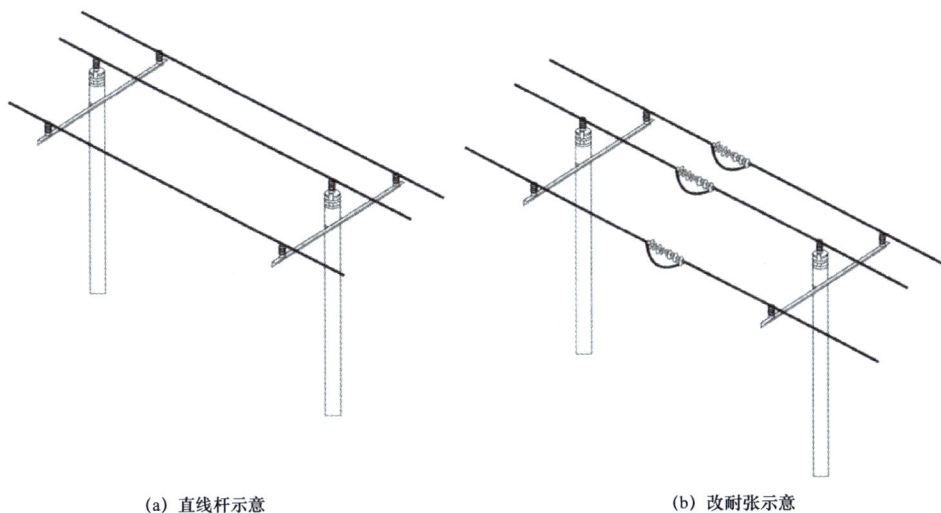

(a) 直线杆示意　　　　　　　　(b) 改耐张示意

图 4-19　直线杆档内架空线路改耐张示意图

4.8.5　方案注意事项

（1）直线杆档内架空线路改耐张需要使用专用工器具，若采用自制的工器具需要做好相应的型式试验等，并得到工区批准。

（2）直线杆档内架空线路改耐张过程操作相对复杂，技术性强，涉及细节多，需要作业人员具备较高的技术水平和综合协作能力。

4.9 分支线架空线路不停电迁移

4.9.1 实施背景

某供电公司10kV配电网架空线路迁改工程的内容为10kV解放桥分线13－2号至14号、13－2号至13－东2号杆间杆线拆除及新线路架设工作，如图4－20所示，10kV后机站解放桥分线为单辐射分支线路，分线开关位于10kV解放桥分线1号杆，分线内有配电变压器17台。

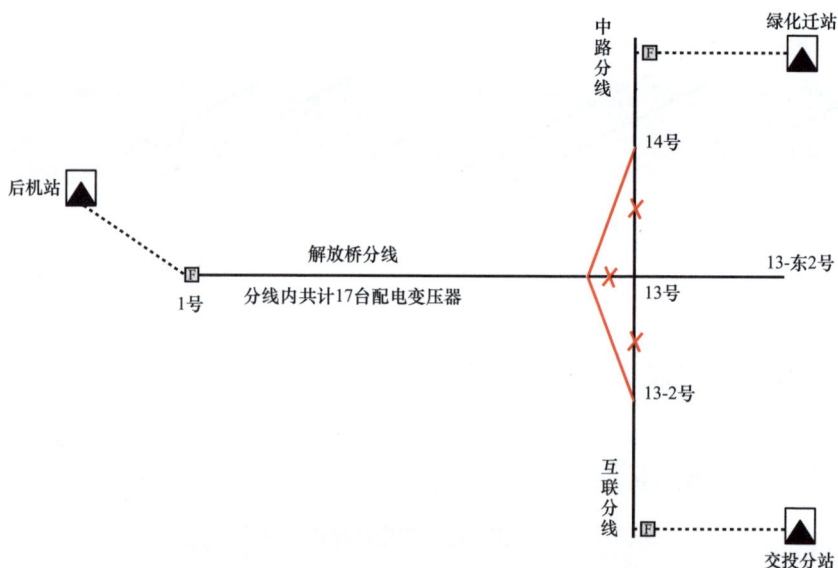

图4－20 10kV解放桥分线线路迁改示意图

4.9.2 不停电作业方案确定

若采用停电作业方式，因涉及分线内配电变压器17台，预计产生停电时户数136时·户。为实现上述工程目标，同时压降停电时户数损失，保证供电可靠性，拟定设计方案更改如下：以新放架空线路为旁路，通过综合不停电作业手段，压降停电时户数为 0。

4.9.3　不停电作业方案实施

（1）解放桥分线 12 号、13 号杆间带电新立十字耐张杆 1 支，命名为 12 - 1 号杆。

（2）解放桥分线 13 - 2 号杆、14 号杆带电带负荷改耐张，并分别加装断位分路开关，如图 4 - 21 所示。

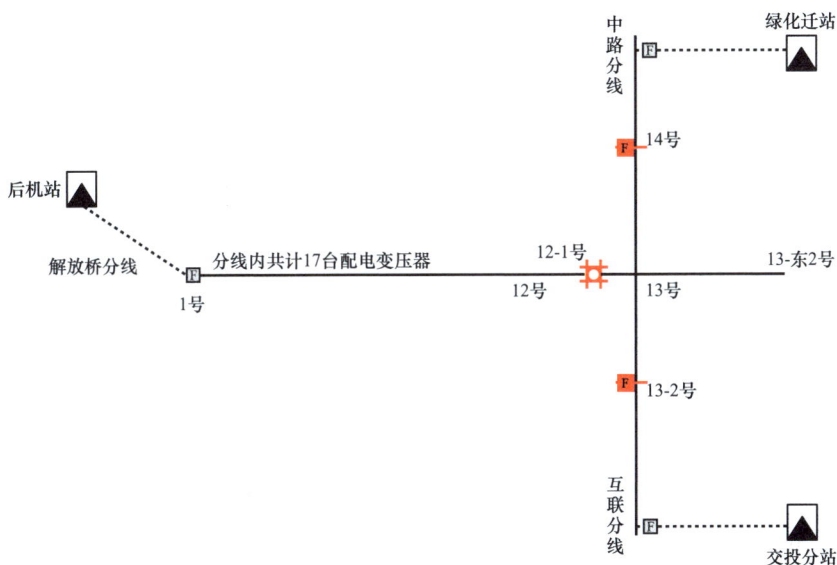

图 4 - 21　新设架空线旁路接入点杆型调整及开关安装

（3）自解放桥分线 12 - 1 号杆新放架空线分别连接 13 - 2 号杆和 14 号杆。

（4）在解放桥分线 12 - 1 号杆处带电接新放架空线路分支引线（小号侧），分别在解放桥分线 13 - 2 号杆和在 14 号杆开关两侧核相无误后合上分路开关，如图 4 - 22 所示。

（5）解放桥分线 14 号杆带电拆除引线。

（6）解放桥分线 13 - 2 号杆带电拆除引线。

（7）解放桥分线 12 - 1 号杆带电拆除引线及卸线，如图 4 - 23 所示。

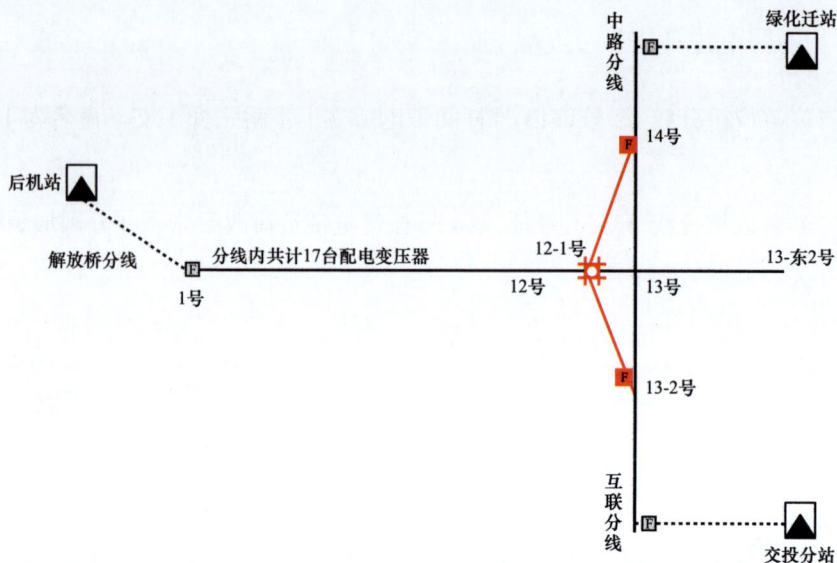

图 4-22　10kV 解放桥分线新放线路旁路示意图

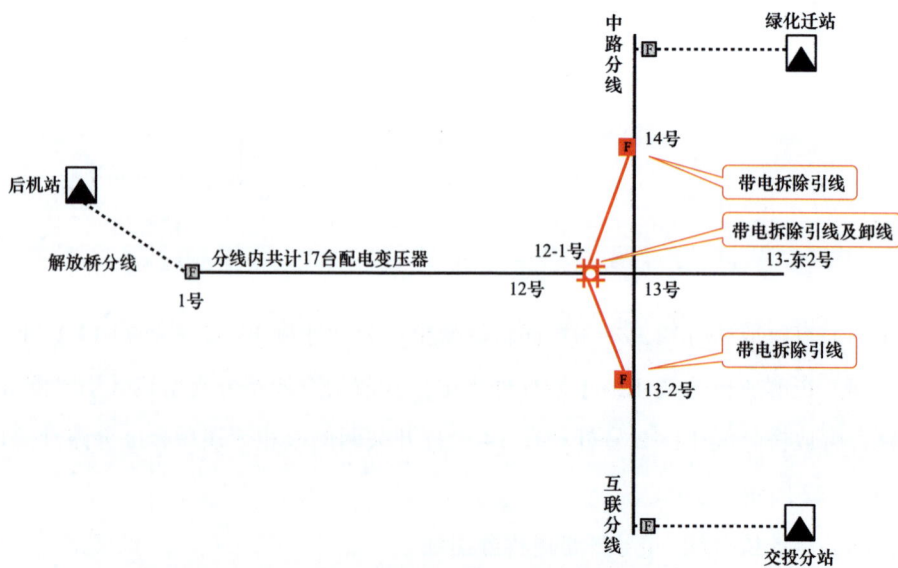

图 4-23　10kV 解放桥分线待迁改线路拆除示意图

（8）解放桥分线 13-2 号杆小号侧、14 号杆小号侧带电单侧卸线，如图 4-24。

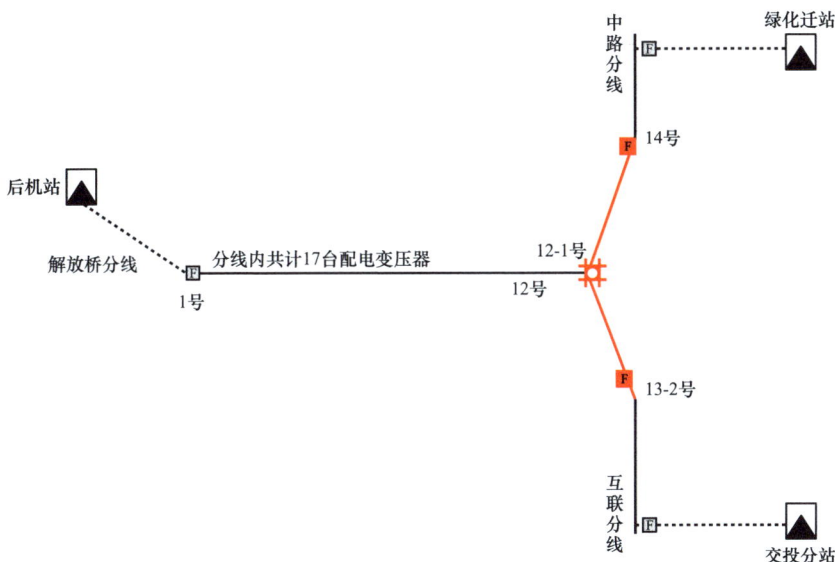

图 4-24　10kV 解放桥分线迁改完成示意图

4.9.4　不停电作业实施成效

该方案采取上述带电作业为主，停电检修为辅的作业方式，大幅压降该迁改工程时户数损失。10kV 解放桥分线迁改工程方案比较见表 4-1。

表 4-1　　　　　　　　10kV 解放桥分线迁改工程方案比较

序号	推演方案	时户数损失（时·户）	停电时间（时）	停电用户数（户）	带电作业次数（次）	采用的带电作业类别	新增费用	工期进度	现场是否具备相应条件
1	停电施工	136	8	17	0	无	无新增	无影响	是
2	不停电作业	0	0	0	10	第二类第三类第四类	新增分路开关 2 台	无影响	是

4.9.5　方案注意点

（1）解放桥分线 13-2 号杆、14 号杆因新装分路开关为断路器，不能拆除跳闸线圈，存在拆原有引线时可能引发的跳闸拉弧风险，因此必须使用专用旁路负荷开关和柔性电缆作为后备保护，方可实施拆除引线工作。

（2）原有导线拆除卸线过程，严格执行先分别拆头，最后再卸线的流程，防止带电导线落地引起发人员、设备安全事件。

（3）卸线前，应检查杆根是否牢固，严禁采用突然剪断导线的方法卸线。

» 4.10   辐射类终端环网站进线电缆不停电迁移 «

4.10.1   实施背景

某供电公司开展地铁站涉及 10kV 电力迁改工程，工作内容为瑞祺科技站进线电缆由原荆山站 6 号间隔改接入新荆山站 8 号间隔，同时对瑞祺科技站部分出线电缆（2 号间隔和 4 号间隔出线电缆）进行割接迁移，如图 4-25 所示。

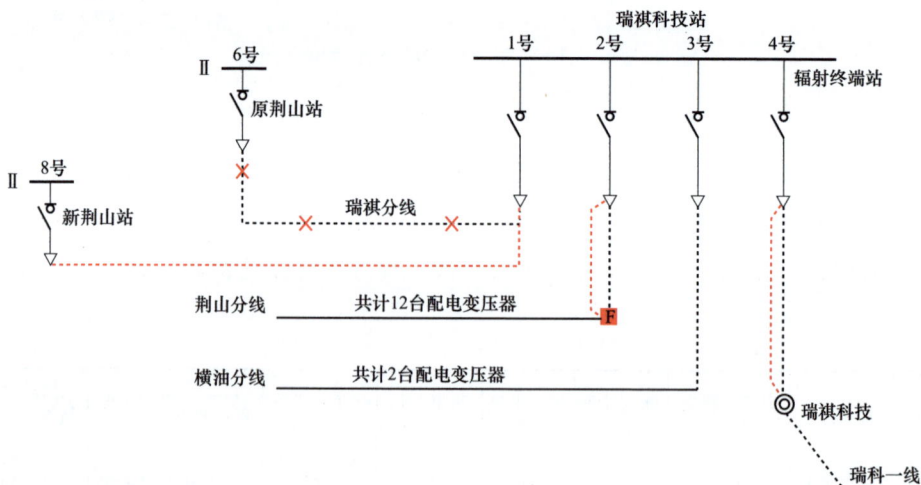

图 4-25   10kV 瑞祺科技站电缆迁移示意图

4.10.2   不停电作业方案确定

若采用停电计划施工，涉及两条架空分线共计 32 基杆塔，停电配电变压器 14 台，产生计划停电时户数损失约 70 时·户。根据现场勘查，拟采用架空线路临时取电至分支线路，或中压发电车保供电的方式对瑞祺科技站架空线分支线路负荷进行转供，同时对双路用户采取临时改单路运行，切换供电间隔的方式，解决开关站临时间隔不足的难题，最大限度压降停电时户数。

4.10.3　不停电作业方案实施

（1）单辐射荆山分线不具备中压发电车接入条件时，为实现上述工程目标，同时减少用户停电，实施推演方案如下：

1）瑞祺科技站临时改单回运行，见图 4-26。

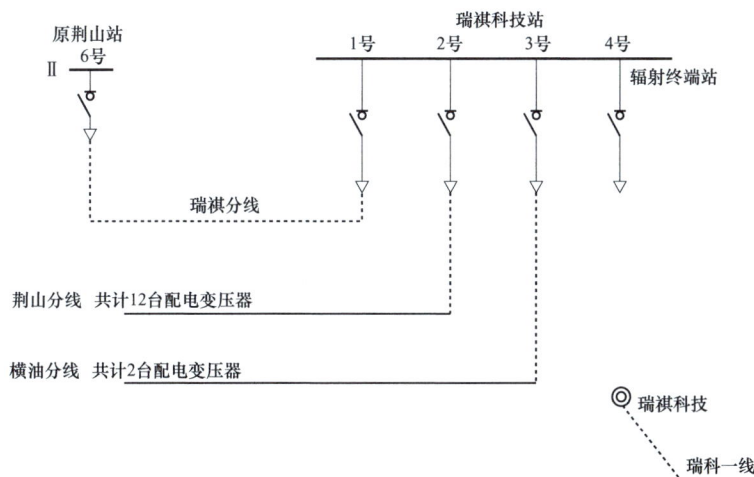

图 4-26　瑞祺科技站临时改单回运行

2）10kV 荆山分线内新带电立杆并加装分路开关，分路开关断位，见图 4-27。

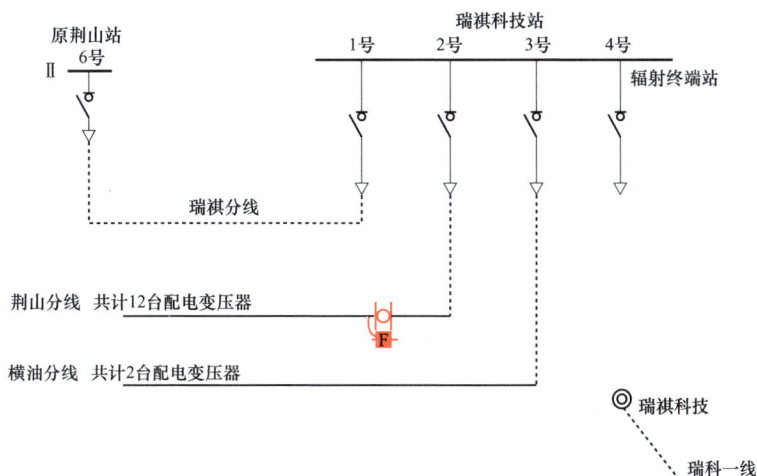

图 4-27　10kV 荆山分线内新带电立杆并加装分路开关

3）新放电缆连接分路开关及瑞祺科技站 4 号间隔，拉开 2 号间隔开关，核相无误迅速合上新装分路开关，冷倒负荷（虽然瑞祺科技站 2 号、4 号间隔电源点为同一母排，在合环上具备电压相角频率的相同条件，考虑 2 号间隔大分支所负荷较大，而 4 号间隔专用变压器用户进线电缆负载能力有限，安全起见，采用冷倒负荷），见图 4-28。

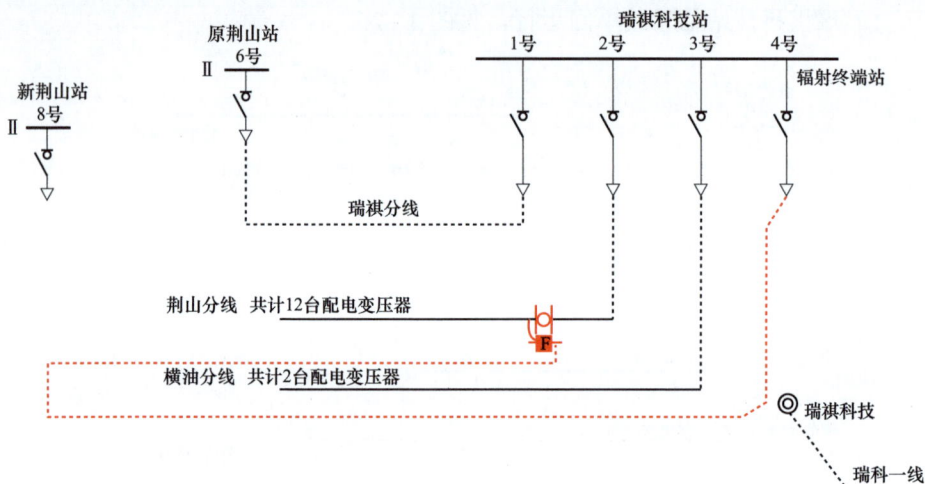

图 4-28　新放电缆连接分路开关及瑞祺科技站 4 号间隔

4）带电拆除至瑞祺科技站 2 号间隔电缆引线及电缆。

5）新荆山站 8 号间隔新出电缆至瑞祺科技站 2 号间隔，见图 4-29。

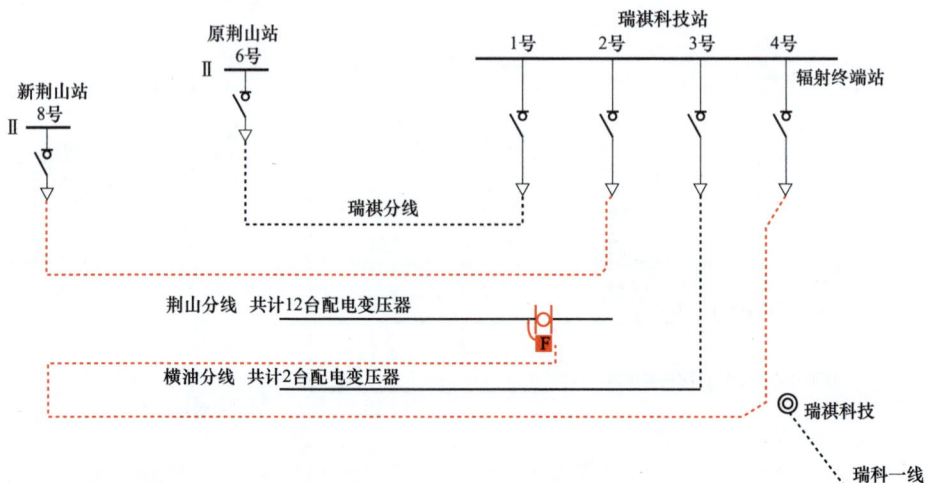

图 4-29　新荆山站 8 号间隔新出电缆至瑞祺科技站 2 号间隔

6）瑞祺分线拆除，瑞祺科技改接至瑞祺科技 1 号间隔，见图 4-30。

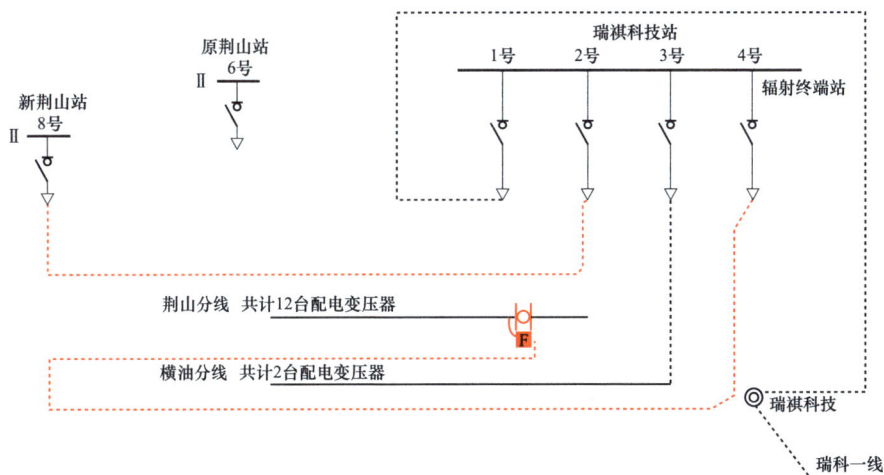

图 4-30　双路用户瑞祺科技改接至 1 号间隔

（2）单辐射荆山分线具备中压发电车接入条件时，为实现上述工程目标，同时减少用户停电，实施推演方案如下：

1）带电作业在荆山分线 1 号杆和 2 号杆之间新立杆，10kV 发电车接入荆山分线，一次并网完毕，见图 4-31。

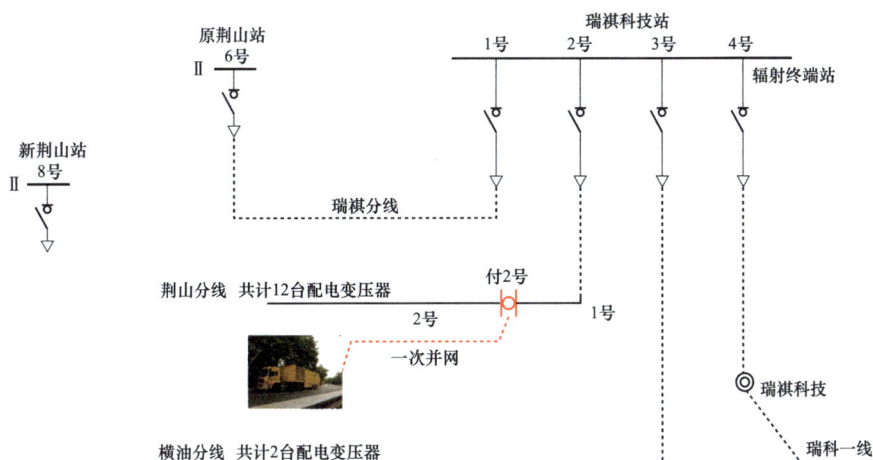

图 4-31　10kV 发电车接入荆山分线并完成一次并网完毕

2）拉开瑞祺科技站 2 号间隔开关，带电拆除荆山分线 1 号杆电缆引线及电缆，并加装分路开关，开关断位。

3）更换荆山分线电缆，并合上瑞祺科技站 2 号间隔开关。荆山分线 1 号杆新装开关两侧核相无误，见图 4-32。

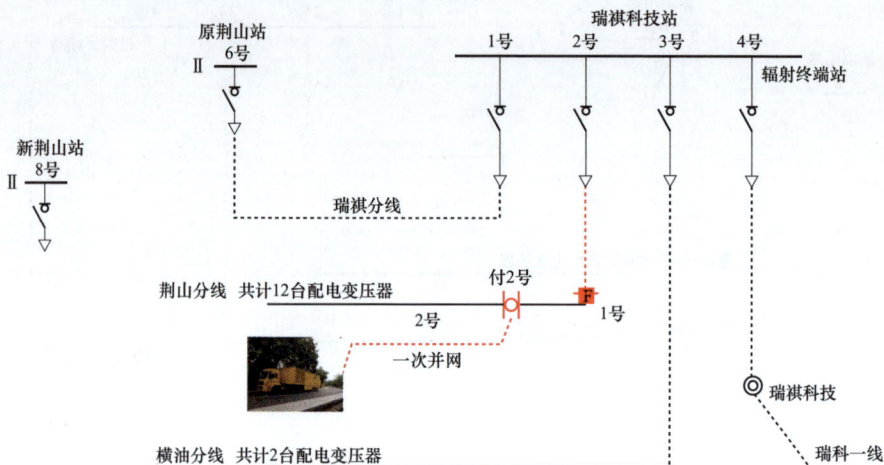

图 4-32　荆山分线电缆不停电更换

4）10kV 发电车退出运行，合上荆山分线 1 号杆新装开关（由于发电车停车点距离瑞祺科技站较远，且二次并网取电电缆需要跨越大型交通主干道，因此，这里发电车退出采取"先断后通"的方式进行）。

5）瑞祺科技临时改单回运行，新荆山站 8 号间隔新出电缆至瑞祺科技站 4 号间隔，热倒负荷，见图 4-33。

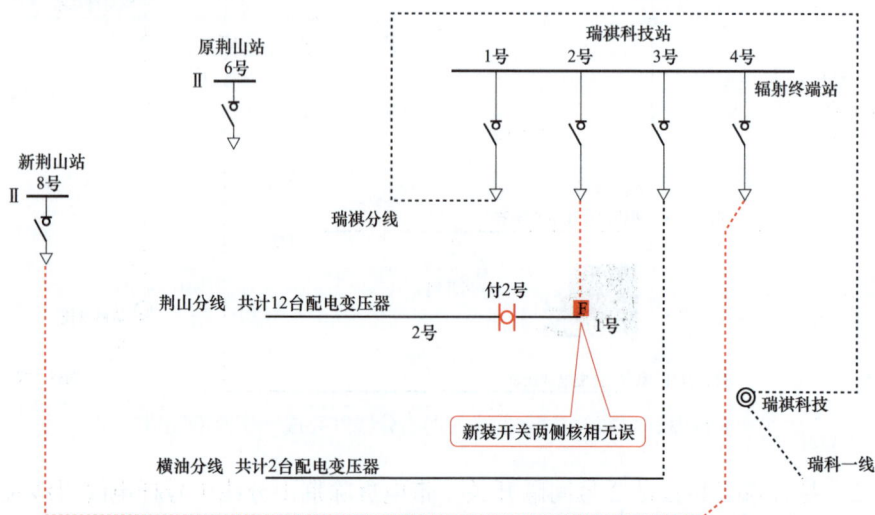

图 4-33　新荆山站 8 号间隔新出电缆至瑞祺科技站 4 号间隔

6）瑞祺分线拆除，瑞祺科技改接至瑞祺科技站 1 号间隔。

4.10.4　不停电作业实施成效

（1）采用上述间隔调换和带电作业新装分路开关热倒的方式，确保整个工程实施用户零停电。

（2）采用上述 10kV 发电车一次并网、冷倒负荷的不停电作业方式，停电时户数损失预计为 2 时·户，减少时户数损失 68 时·户。

经设备主人、带电施工方、停电施工方联合踏勘后，确认现场具备 10kV 发电车使用条件，不具备间隔倒换条件。采用 10kV 发电车一次并网、冷倒负荷的不停电作业方式进行作业，最终时户数损失为 2 时·户。

4.10.5　方案注意点

（1）发电车现场保电用的高压旁路电缆敷设好后，应逐项进行绝缘电阻检测，其值不得小于 500MΩ，且旁路电缆及连接器应在有效的预防性试验周期内，若采用工程电缆替代柔性电缆使用，则应进行交流耐压试验确保电缆绝缘合格。

（2）设备运维单位、施工单位应确认发电车（机）出线电缆与连接装置的载流能力应与保电线路负荷电流相匹配。

（3）现场应急处置：① 保供电作业开始前，机组试发不成功，应立即与厂家或保电单位技术人员取得联系，未经允许不得随意处置发电机控制面板操作按钮或更改发电机组保护装置；② 发电机组供电过程中出现发电机组故障或异常情况，值守人员应立即告知现场保电负责人，未经允许，不得强送电；③ 若发生人员误登杆、保电线路出现短路接地故障等可能危及人身、设备安全的情况，应立即停止发电，撤离人员。

▶ 4.11　大分支线路不停电改造 ◀

4.11.1　实施背景

某供电公司因 10kV 配电网工程网架改造需要，对 10kV 甲陆 83873 线沙虞分线部分线路进行迁改，如图4-34所示，同时完成对大分支线路负荷的重新分配，进一步优化网架结构，提升供电可靠性。10kV七甲站沙虞分线为单辐射线路，整条线路共有17台配电变压器，迁改后10kV七甲站沙虞分线1~6号杆拆除，7号及大号侧线路割接至沙虞分站。

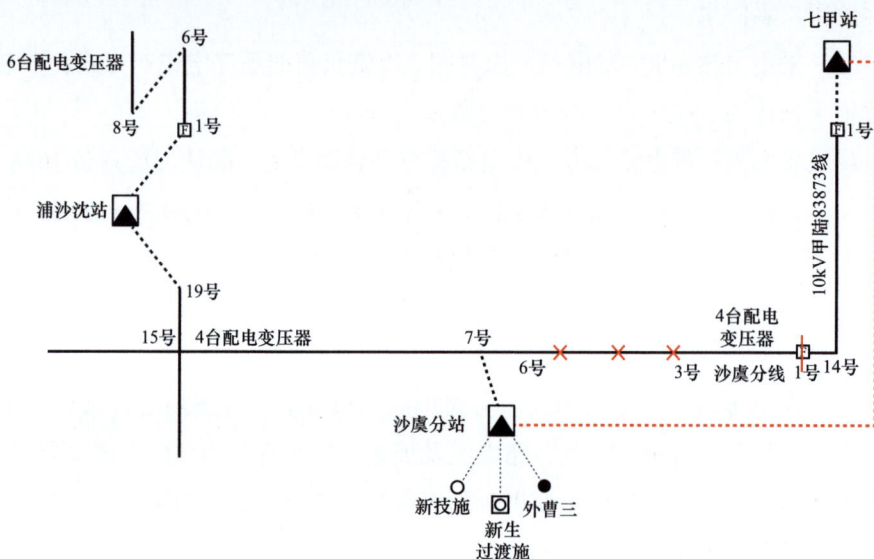

图4-34　10kV甲陆83873线沙虞分线迁改示意图

4.11.2　不停电作业方案确定

根据现场勘查，若全部采用停电施工方式，涉及配电变压器17台，杆塔51基，产生时户数损失136时·户。为实现上述工程目标，同时压降停电时户数损失，保证供电可靠性，拟订方案如下：采用新放电缆为旁路供电回路，通过带负荷直线杆改耐张杆及加装分段开关等综合不停电作业方式，完成大分支线路不停电改造工程。

4.11.3　不停电作业方案实施

（1）七甲站新出电缆至沙虞分站12号间隔，如图4-35所示。

（2）沙虞分线6号、7号杆之间带电立杆并加装断路器，如图4-36所示（经过现场勘查，沙虞分线6号杆现场并不具备直线杆改终端杆条件，因此考虑紧邻 6 号杆大号侧带电立杆 1 基，并加装临时分段断路器开关）。

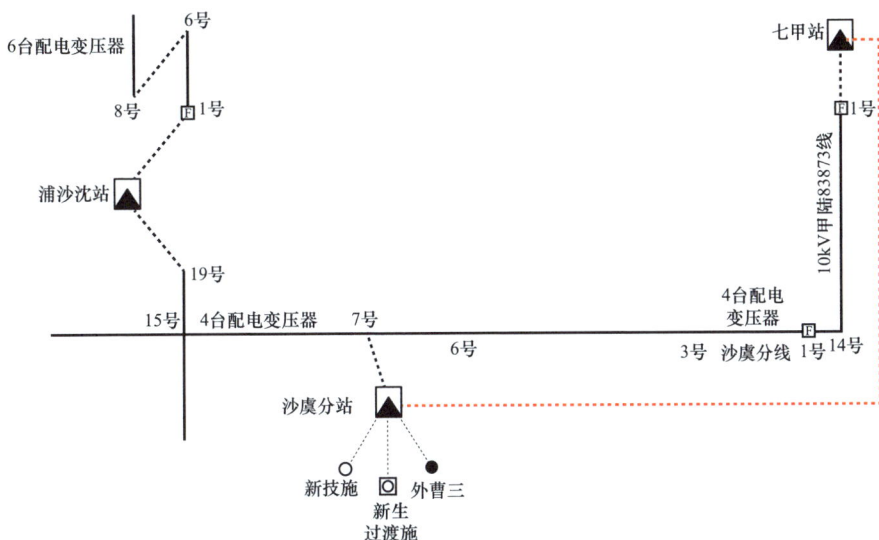

图 4-35　七甲站新出电缆至沙虞分站 12 号间隔

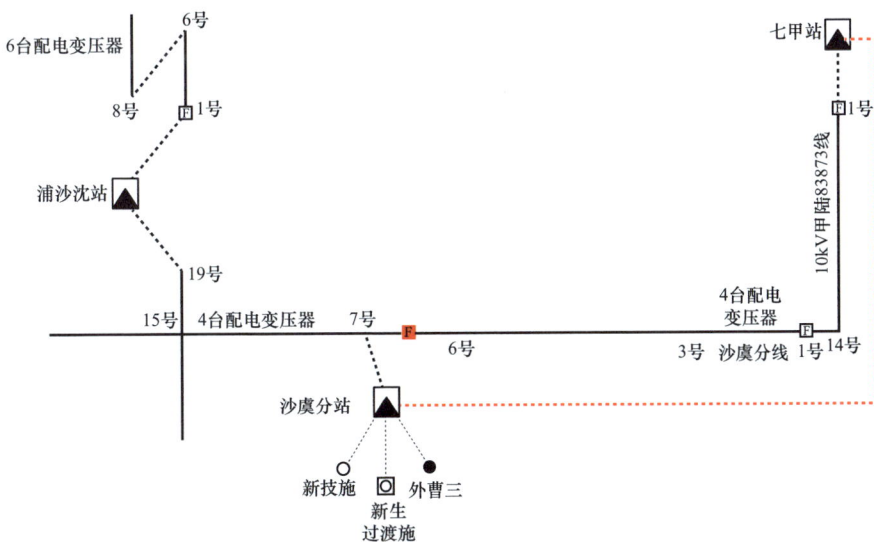

图 4-36　沙虞分线 6 号、7 号杆之间带电立杆并加装临时分段开关

（3）沙虞分线 3 号杆带电带负荷直线杆改耐张杆，如图 4-37 所示。

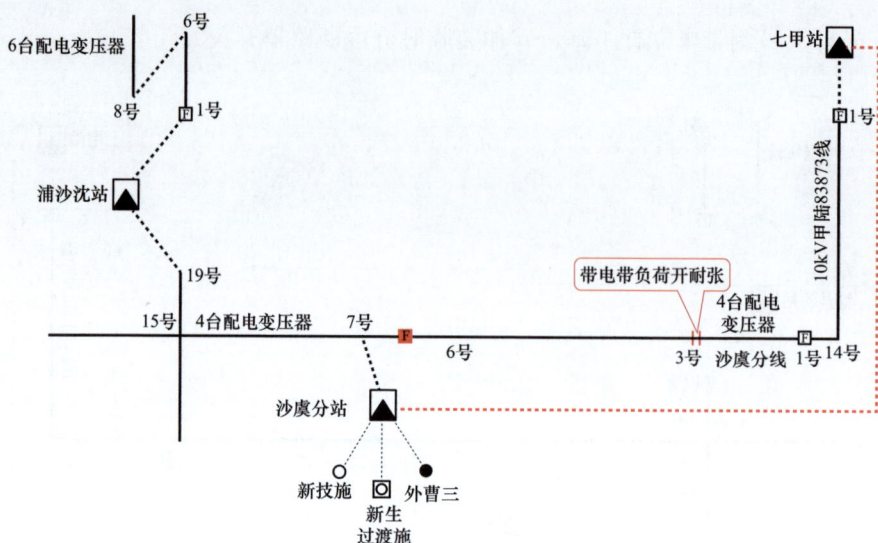

图 4-37 沙虞分线 3 号杆带电带负荷直线杆改耐张杆

（4）沙虞分线 6 号、7 号杆之间新装断路器断位，沙虞分站 12 号间隔改运行，如图 4-38 所示。

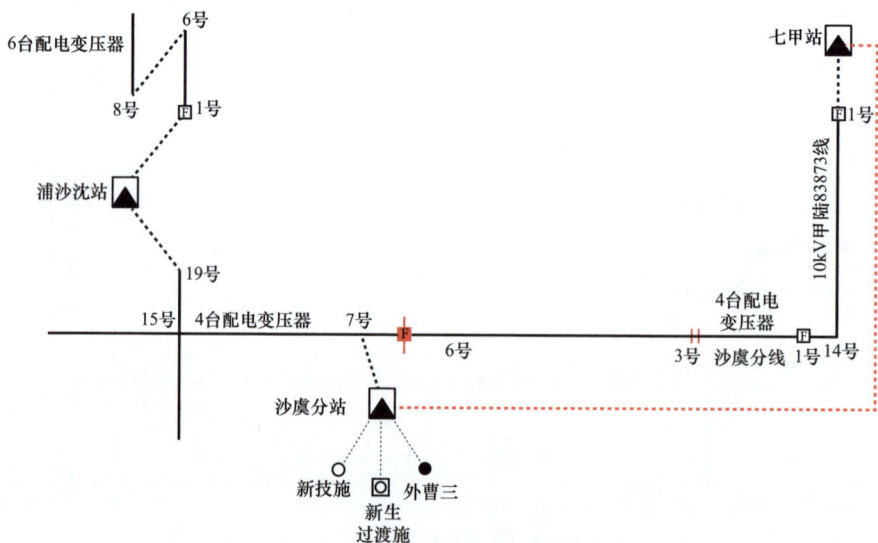

图 4-38 沙虞分线 7 号杆后段负荷改由沙虞分站供电

（5）带电拆除沙虞分线 3 号杆耐张引线；带电拆除新立杆开关引线并小号侧卸线，3 号杆大号侧带电卸线，如图 4-39 所示。

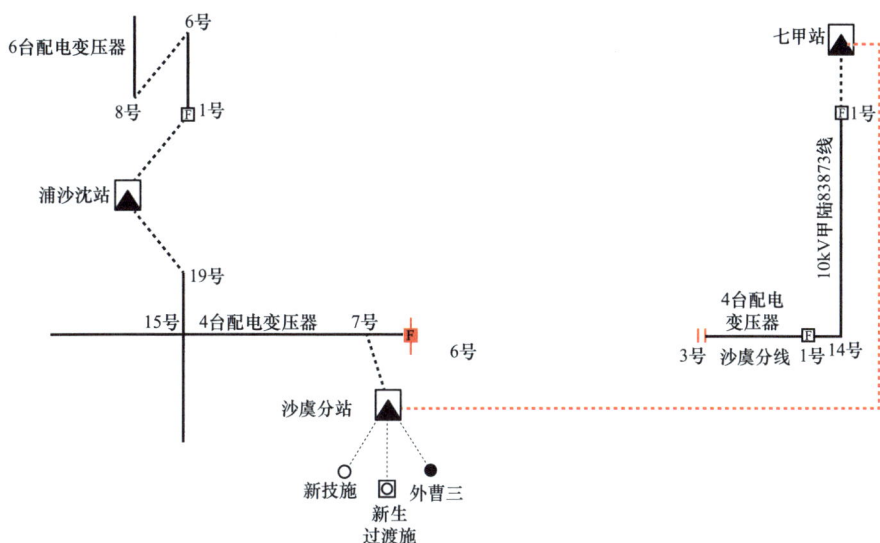

图 4-39　沙虞分线不停电迁改完成后现场示意图

4.11.4　不停电作业实施成效

经设备主人、带电施工单位、停电施工单位进行联合踏勘，最终采用带电作业结合负荷冷倒的方式，将该上改下工程时户数损失压降为个位数。10kV 沙虞分线部分架空线上改下工程方案比较见表 4-2。

表 4-2　　　10kV 沙虞分线部分架空线上改下工程方案比较

序号	推演方案	时户数损失（时·户）	停电时间（时）	停电用户数（户）	带电作业次数（次）	采用的带电作业类别	新增费用	工期进度	现场是否具备相应条件
1	停电施工	136	8	17	0	无	无新增	无影响	是
2	不停电作业	1.67	1/6	10	5	第二类第四类	无新增	无影响	是

4.11.5　方案注意点

（1）沙虞分线 6 号、7 号杆之间带电立杆并加装断路器，由于断路器无法在旁路过程中锁死跳闸机构，存在可能跳闸引发的拉弧风险，因此必须使用专用旁路负荷开关和柔性电缆作为后备保护，方可实施带电作业。

（2）带电拆除沙虞分线 3 号杆耐张引线后，因新装断路器无明显断开点，需要 6 号、7 号杆间新立杆带电拆除开关引线并小号侧卸线后，3 号杆方可进行大号侧卸线工作。

（3）卸线前应配合做好拉线，做好防倒杆措施。

⧽ 4.12 配电线路正线架空线不停电改电缆 ⧼

4.12.1 实施背景

因老旧小区综合改造提升需要，某供电公司 10kV 配电线路和睦线正线需要"上改下"（架空线路改电缆线路），工作内容为和睦线架空线正线拆除，相关配电变压器割接至新设开关站，和睦 18、和睦 19、和睦 19－1 销户，改接部分系统单线图如图 4－40 所示，随着供电可靠性要求的不断提高，减少甚至取消计划停电是各大供电单位配网工程施工方案评审的重要准则之一，因此，需要再老旧小区综合改造提升的同时，通过"以转为主、能带不停、应保尽保"的方式，进一步提升客户服务水平。

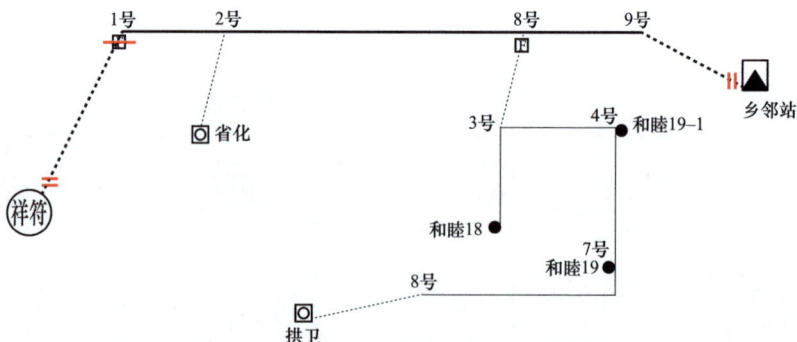

图 4－40 10kV 和睦线改接部分系统单线图

4.12.2 不停电作业方案确定

根据现场勘查，若全部采用停电施工方式，涉及 18 基杆塔，停电配电变压器 5 台，计划停电时户数损失预计为 40 时·户。为实现上述工程目标，同时压降停电时户数损失，保证供电可靠性，拟订方案如下：采用新放电缆及环网柜先通电，原架空线用户采用带电拆除引线配合的方式，逐一割接。

4.12.3　不停电作业方案实施

（1）运行方式改为乡邻站送电至祥符变。

（2）带电拆除 1 号杆至祥符变电缆引线，如图 4-41 所示。

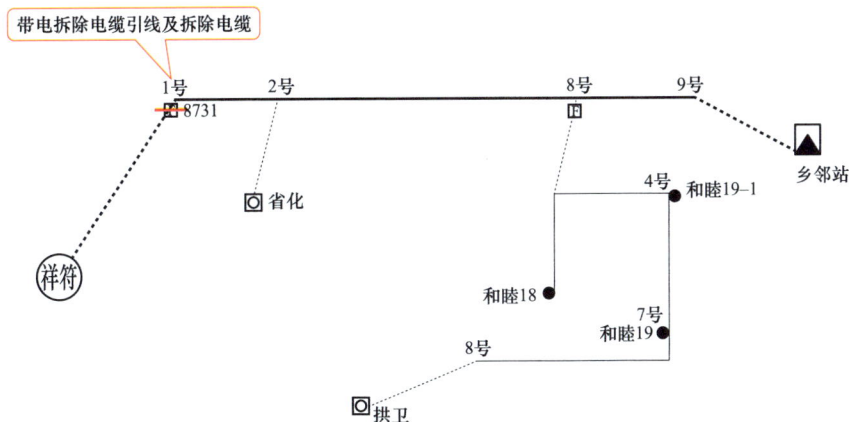

图 4-41　和睦线供电运行方式调整及带电断和睦线 1 号杆引线解环

（3）祥符变出线电缆对接至新设 K1、K2 环网站，并环网至乡邻站 2 号空间隔，如图 4-42 所示。

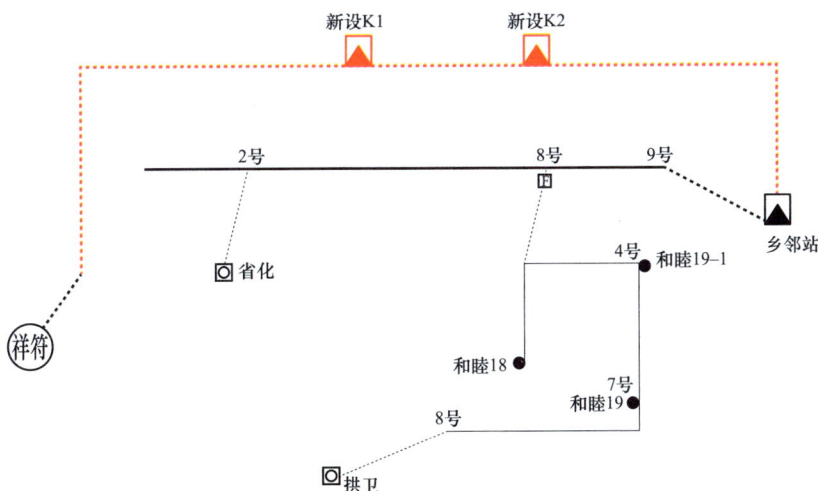

图 4-42　新设 K1、K2 环网站，并环网至乡邻站

（4）带电拆除 2 号杆省化进线开关及电缆并改接至新设 K1 站，见图 4-43。

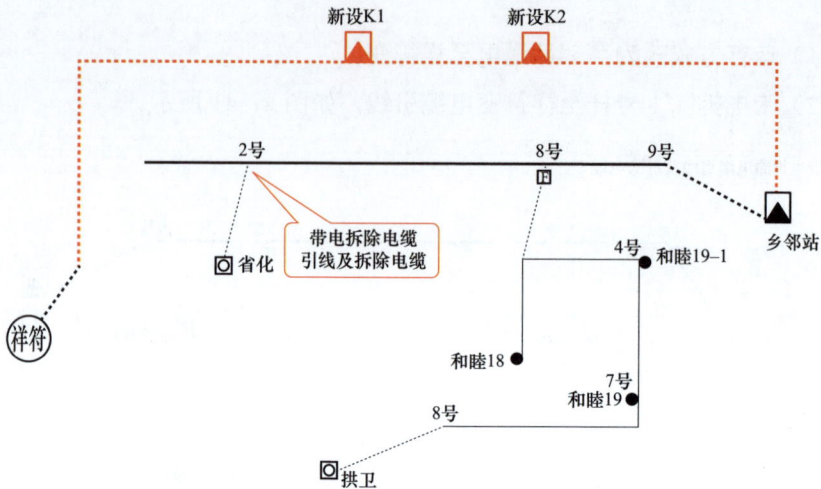

图 4-43　和睦线 2 号杆用户省化割接至新设开关站

（5）和睦 18、和睦 19、和睦 19-1 销户，低压割接至新设欧式变压器，拉开 8 号杆分路开关，拱卫进线电缆改接至新设 K1 站，如图 4-44 所示。

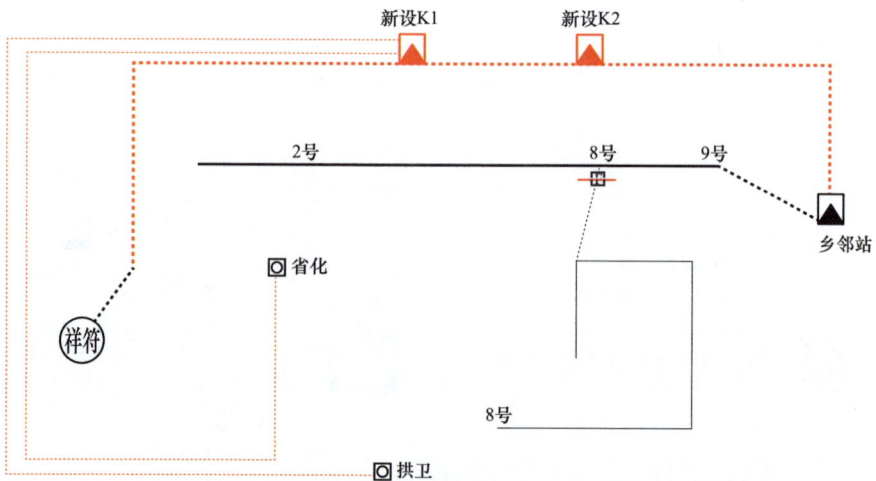

图 4-44　和睦线 8 号杆分支用户拱卫割接至新设开关站

（6）乡邻站和睦线间隔改检修，停电拆除空线，如图 4-45 所示。

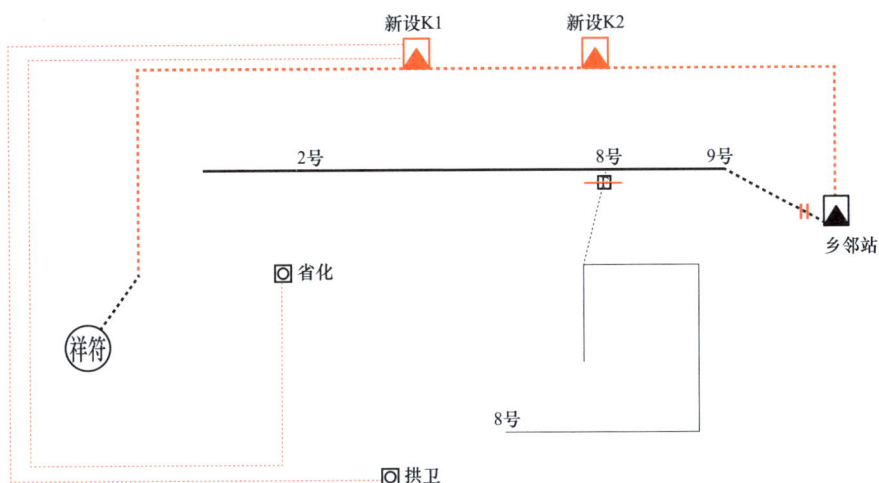

图 4-45　和睦线 1～9 号杆空线拆除

4.12.4　不停电作业实施成效

（1）通过新设开关站先通电后割接进用户的方式，使得整个"上改下"过程正线用户零停电。

（2）将新设开关站的准备工作提前完成，同一天完成新设开关站的通电及与乡邻站的环通，确保线路形成联络，确保系统可靠供电。

4.12.5　方案注意点

新设开关站应提前施工完成，待祥符变出线电缆与和睦线架空线 1 号杆连接引线由带电拆断后，应在尽量短的时间内完成电缆对接工作，确保网架开环时间短。

➢ 4.13　配电线路正线架空线不停电移位 ◁

4.13.1　实施背景

因城市建设改造需要，某供电公司 10kV 蚕宣 9118 线需要向东整体移位，涉及的编号开关范围为 7801～7683，10kV 蚕宣 9118 线迁改工程示意图如

图 4-46 所示,涉及的配电线路正线范围为 10kV 蚕宣 9118 线 8～39 号杆,且 8～39 号杆之间共设计 5 个架空线路分支线,工程量较大,涉及的用户较多,且多为居民区、学校、医院等重要供电用户,因此需要在架空线路整体迁移施工的同时,确保整条线路用户不停电。

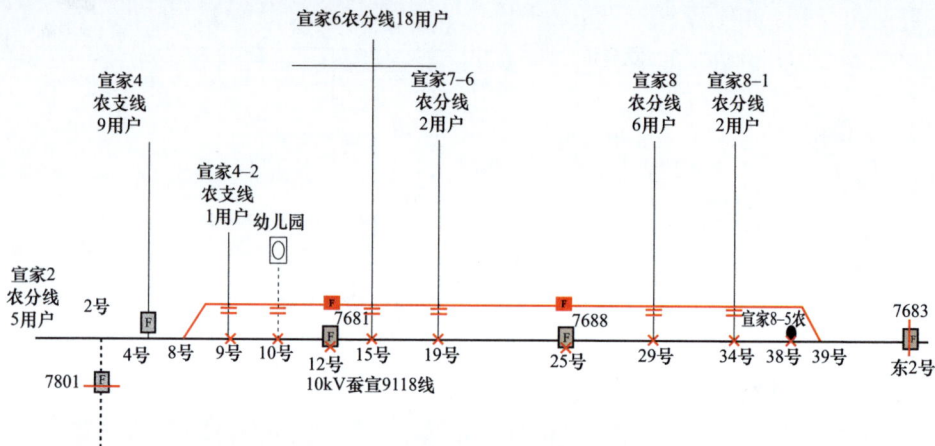

图 4-46　10kV 蚕宣 9118 线迁改工程示意图

4.13.2　不停电作业方案确定

10kV 蚕宣 9118 线迁改工程按照完全停电施工方案时,因线路整体移位导致原停电范围为 7801～7683,共涉及 89 基杆塔,共 43 台变压器,预计最少将产生时户数损失 344 时·户。经过现场勘查,为压降停电时户数损失,保证供电可靠性,拟订方案如下:采用环网供电、分段割接的方式,逐一对新设主干线及割接后的分支线送电。

4.13.3　不停电作业方案实施

(1)带电配合跨越放线,如图 4-47 所示,共跨越宣家 4-2 农支线至宣家 8-1 农分线共计 5 条分支线路。

(2)分天分支线采取完全不停电并环割接(第一天),分支线(幼儿园支线、宣家 4-2 农支线)不停电割接的方式参照之前的案例,从新放正线线路取电至待割接分支线路,以此为旁路作进行热倒(或中压发电车保供电),后续由带电作业在两侧进行引线拆断及下线,线路改接示意如图 4-48 所示。

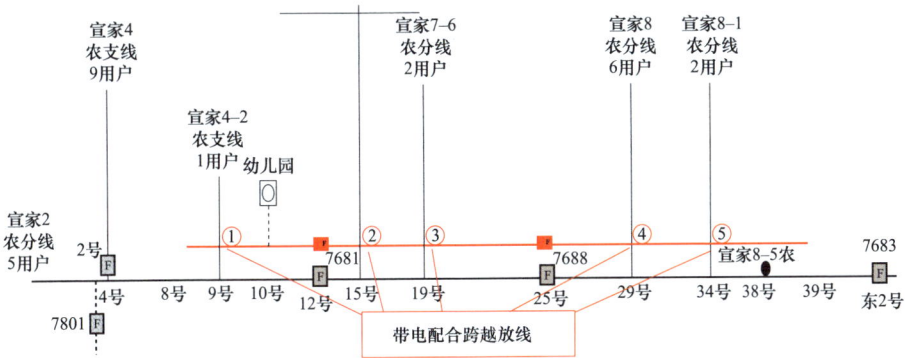

图 4-47　带电配合跨越放线

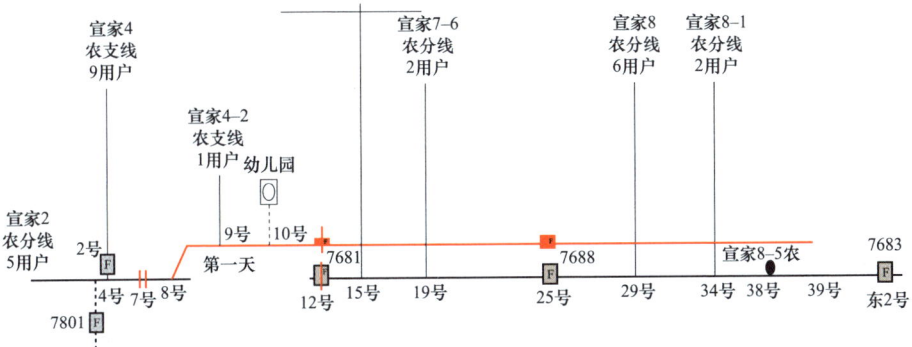

图 4-48　宣家 4-2 农支线及幼儿园割接至新放架空线路（第一天）

（3）分天分支线采取完全不停电并环割接（第二天），分支线（宣家 6 农分线、宣家 7-6 农分线）不停电割接的方式参照之前的案例，从新放正线线路取电至待割接分支线路，以此为旁路作进行热倒（或中压发电车保供电），后续由带电作业在两侧进行引线拆断及下线，线路改接示意如图 4-49 所示。

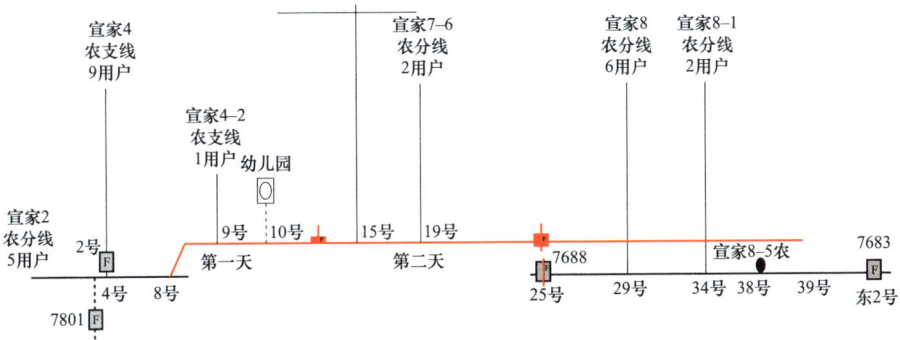

图 4-49　宣家 6 农分线、宣家 7-6 农分线不停电割接（第二天）

（4）分天分支线采取完全不停电并环割接（第三天），分支线（宣家 8 农分线、宣家 8-1 农分线）不停电割接的方式参照之前的案例，从新放正线线路取电至待割接分支线路，以此为旁路作进行热倒（或中压发电车保供电），后续由带电作业在两侧进行引线拆断及下线，线路改接示意如图 4-50 所示。

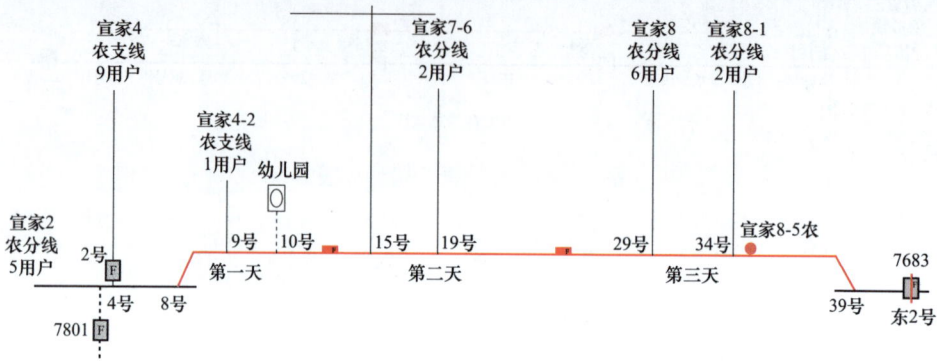

图 4-50 宣家 8 农分线、宣家 8-1 农分线不停电割接（第三天）

4.13.4 不停电作业实施成效

最终实际产生时户数共 0 时·户（幼儿园单专用变压器未计入停电时户数）。相比原停电检修方案减少时户数损失 344 时·户。

4.13.5 方案注意点

（1）带电作业配合新放线路不停电跨越原分支线路，应同时采用多辆绝缘斗臂车，同时设置现场总指挥和各跨越点负责人（监护人），统一指挥。

（2）各分支线路不停电割接前，应提前进行分支线电源切换准备工作，如终端杆杆型不停电更换或者带电新立直线杆等工作。

» 4.14 绝缘杆间接作业法带负荷更换线路柱上开关 «

4.14.1 实施背景

某供电公司地处山区，线路多处丘陵、高山之中，绝缘斗臂车无法到达，

需要采用绝缘操作杆间接作业法开展 10kV 配电网带电作业。通常，开展 10kV
线路不停电更换杆上开关项目均需要采取去负荷的方式进行。随着经济发展，
用户对供电可靠性的要求越来越高，减少计划停电时长，提升供电可靠性，切
实服务民生，助力乡村共同富裕，成为供电公司努力奋斗的主要目标。在架空
线路三遥智能开关自动化改造等配电网进行检修、维护、改造工作中，迫切需
要以带负荷方式实现柱上开关更换，确保用户零停电。山区绝缘杆作业带电断
耐张杆引线见图 4-51。

图 4-51　山区绝缘杆作业带电断耐张杆引线

4.14.2　不停电作业方案确定

为解决在山区等大型绝缘斗臂车无法到达的位置开展带负荷更换柱上开关
的难题，采用全地形绝缘杆间接带负荷更换线路柱上开关（或跌落式熔断器）
项目专用工具，现场施工如图 4-52 所示。用便携式旁路电缆和带电导线连接装
置与电缆头固定，用专用钩挂提升旁路电缆并连接带电导线形成旁路，采用地
电位绝缘杆间接作业法一人上杆使用绝缘套筒操作杆辅以套有绝缘绳的六个特
制滑轮实现旁路电缆与架空线的搭接。破解绝缘斗臂车在山地、林地、田地等
无法抵达开展带负荷更换开关的难题，助力不停电作业地形全覆盖。

图 4-52　全地形绝缘杆间接带负荷更换线路柱上开关

4.14.3　不停电作业方案实施

（1）在要更换柱上开关下方放置一台旁路开关，开关两侧连接六根旁路电缆，电缆头与便携式旁路电缆与带电导线连接装置固定，如图 4-53 和图 4-54 所示。

图 4-53　旁路作业现场敷设及施工准备

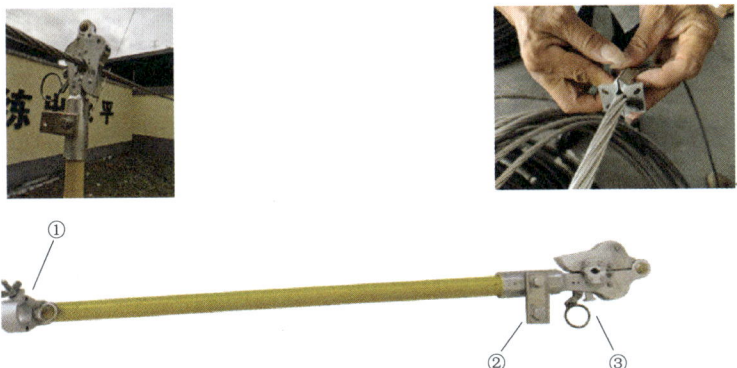

①和②为旁路电缆固定和连接部位，③为便携式旁路电缆与带电导线连接装

图 4-54　便携式旁路电缆与带电导线连接装置示意图

（2）带电作业人员运用地电位绝缘杆间接作业法，一人上杆使用绝缘套筒操作杆把套有绝缘绳的六个特制滑轮挂入架空主线，绝缘绳的一头捆绑在便携式旁路电缆与带电导线连接装置上，地面工使用绝缘绳通过滑轮把便携式旁路电缆与带电导线连接装置固定的旁路电缆线拉伸至主线位置，把绝缘绳打好拉线起固定作用防止电缆掉落，见图 4-55 和图 4-56。

图 4-55　用于绝缘杆操作挂接的专用滑车

图 4-56　便携式旁路电缆与带电导线连接装置实物图

（3）地面作业人员通过绝缘绳先下拉动，触动便携式旁路电缆与带电导线连接装置的线夹保险使线夹夹线模具与架空主线扣紧，见图4-57。

图4-57　作业人员配合连接旁路电缆与带电导线

（4）合上旁路开关形成旁路，在柱上进行更换开关作业。

1）在旁路负荷开关处核相，相位应正确无误。

2）地面电工用操作杆对旁路负荷开关进行合闸操作，并确认（目视检查旁路负荷开关的操作机构手柄应在"合闸"位置；用钳形电流表测量高压引下电缆的电流，电流应不小于1/3的负荷电流）。

3）断柱上开关引线。杆上两名电工互相配合，使用电动绝缘断线杆和锁杆，按照"从近到远"的顺序，依次断开柱上开关两侧的引线。每相引线的断开顺序为，先导线侧，再开关设备侧。

4）更换开关，并安装引线，安装引线时，应有防止引线弹跳的措施。

5）接柱上开关引线。杆上两名电工互相配合，使用线夹（引线）传送杆和电动套筒操作杆，按照"从远到近"的顺序，依次搭接柱上开关两侧引线。

（5）完成柱上更换开关作业之后进行旁路电缆的拆除。

1）倒闸操作，柱上开关投入运行。杆上电工用操作杆合上柱上开关，并确认（检查柱上断路器和隔离开关的操作机构手柄应在"合闸"位置；用高压钳形电流表测量柱上开关引线的电流，电流应不小于 1/3 的负荷电流）。

2）倒闸操作，旁路负荷开关退出运行。地面电工用操作杆对旁路负荷开关进行分闸操作，并确认（检查旁路负荷开关操作机构手柄应在"分闸"位置；用钳形电流表测量旁路高压引下电缆的电流，电流应为 0）。

3）从主导线上拆卸旁路高压引下电缆。杆上电工用操作杆触发挂接器脱扣机构，使引流线夹松开。地面电工拉动无极绳提升挂接器从导线上脱离。然后缓慢放下旁路高压引下电缆。

4）用放电棒对旁路高压引下电缆逐相充分放电。

4.14.4　不停电作业实施成效

（1）创新性及先进性：一共有三大部分组成：① 由旁路开关和旁路电缆组成的旁路引流部分；② 由绝缘绳、挂钩滑轮、便携式旁路电缆与带电导线连接装置组成的旁路电缆提升连接部分；③ 特制横担与保险扣组成的旁路电缆固定部分。创新研发了绝缘挂钩和绝缘绳配合装置简单，作业便捷，安全性高。

（2）适应性与成效：全地形绝缘杆间接带负荷更换线路柱上开关（或跌落式熔断器）作业方法专用工具，适用于架空线路的不停电开关更换智能开关、熔断器更换智能开关、支线开关更换智能开关、熔断器更换熔断器等。

（3）解决了如下问题：① 只需要 6 个专用挂钩、6 副便携式旁路电缆与带电导线连接装置、6 根绝缘绳代替了专用平台的大量构件，减少了大量的人力和时间；② 此类作业不受作业地形的限制；③ 此类方法无需搭设平台避免搭设平台高空作业的安全隐患，大大缩短了作业时间，较传统搭设绝缘平台作业法所需时间 6h 缩短至 3.5h。

4.14.5　方案注意点

（1）旁路搭建过程中，旁路负荷开关电源侧及负荷侧电缆头吊装运行至主导线附近时，旁路电缆头应同步同相搭接至对应的运行中的主导线上。

（2）旁路拆除过程中，旁路负荷开关电源侧及负荷侧电缆头应同步同相脱离对应的运行中的主导线上，并缓慢匀速吊至地面。

4.15 电缆不停电作业检修电缆线路

4.15.1 实施背景

某沿海城市地铁建设，需要对供电公司配电网电缆线路 10kV 天风站 7 号间隔八寓一线、10 号间隔八寓二线进行迁改移位，接线图如图 4-58 所示，八寓一线后端带有一台欧式变压器（八号公馆一站，用户为八号公馆一变 500kVA）、八寓二线后端带有一台欧式变压器（八号公馆二站，用户为八号公馆一变 500kVA）。其中八号公馆一站和八号公馆二站地理位置很近，在 15m 范围内。

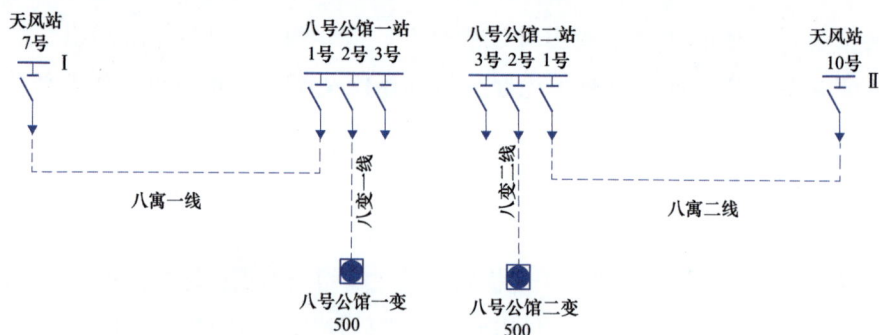

图 4-58 八寓一线、八寓二线系统图

4.15.2 不停电作业方案确定

采用电缆不停电旁路作业，将八号公馆一站和八号公馆二站空间隔（3 号间隔均为空间隔）串接起来，如图 4-59 所示。在 10kV 八寓一线迁改时，八号公馆一站的供电由八号公馆二站经旁路柔性送过来；在 10kV 八寓二线迁改时，八号公馆二站的供电由八号公馆一站经旁路柔性送过来。因为八号公馆一变和八号公馆二变总容量较小，采用 50mm² 柔性电缆（通流能力 200/1.2A），满足运行要求。

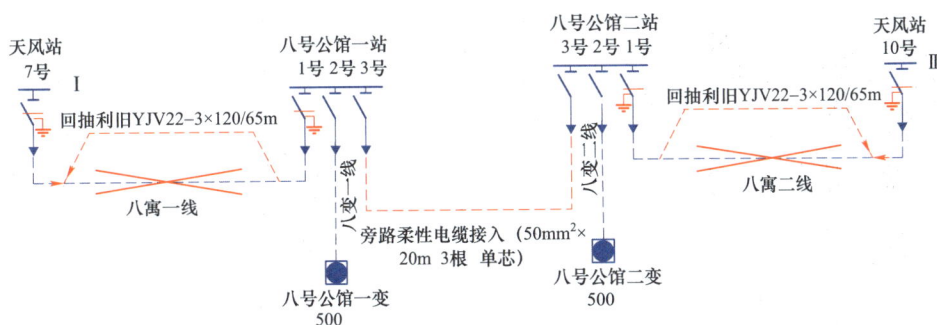

图 4-59 八号公馆一站和八号公馆二站由旁路柔性电缆连接

4.15.3 不停电作业方案实施

（1）开具配电线路第一种工作票，八号公馆一站 3 号间隔外施放旁路电缆，一头为肘型电缆头，一头为旁路快插口，连接中间接头；八号公馆二站 3 号间隔外施放旁路电缆，一头为肘型电缆头，一头为旁路快插口，连接中间接头另一侧，作业人员现场组建旁路柔性电缆见图 4-60。

（2）对组建好的旁路系统进行绝缘检测。

（3）柔性电缆肘型头分别接入八号公馆一站 3 号间隔、八号公馆二站 3 号间隔开关下桩。

（4）办理配电线路第一种工作票终结。

（5）先进行八寓一线的迁移，确认八号公馆一站 3 号间隔、八号公馆二站 3 号间隔热备用状态，由运行班将八号公馆二站 3 号间隔改运行，在八号公馆一

图 4-60 作业人员现场组建旁路系统（一）

图 4-60　作业人员现场组建旁路系统（二）

站 3 号间隔和相邻 2 号间隔下桩核对相序,八号公馆一站和二站上级电源存在一定的角差,不能直接进行并环热倒,因此, 需要先将八号公馆 1 号间隔改运行,再将八号公馆一站 3 号间隔改运行,此时八号公馆一变由八号公馆二站供电。后续依次将天风站 7 号间隔、八号公馆 1 号间隔改检修后进行八寓一线迁移。

（6）同理,在八寓二线迁改时候,通过倒闸操作,临时将八号公馆二变改由八号公馆一站送电。

（7）八寓一线和八寓二线检修完成后,将八号公馆一站和八号公馆二站改检修后,拆除旁路柔性电缆。

4.15.4　不停电作业实施成效

八寓一线、八寓二线迁改期间,倒闸操作涉及两次短时停电,八号公馆一站和八号公馆二站累计停电时间不超过 5min。

4.15.5　方案注意点

（1）现场勘查。电缆不停电作业的踏勘需要设备主人、带电施工单位、停电施工单位联合进行,特别需要核对柔性电缆空间隔是否与系统图对应、相邻开关站下电缆井内部是否有阻隔、电缆井内部是否有积水等。

（2）运行维护。旁路柔性电缆的运行时间需要根据被检修线路的工程周期而定,运行过程中需要定时对中间接头测温。若无法将柔性电缆放置在电缆井内，柔性电缆运行期间需要做好安全隔离，必要时需派人值守。

▶ 4.16　电缆不停电作业新增开关站（无空间隔）◀

4.16.1　实施背景

某供电公司实施配电网工程改造，见图 4-61，在裕顺站—西少站之间串入一新设开关站，命名为湖疫站，裕西线电缆需改接利用，对 10kV 裕顺站裕西线

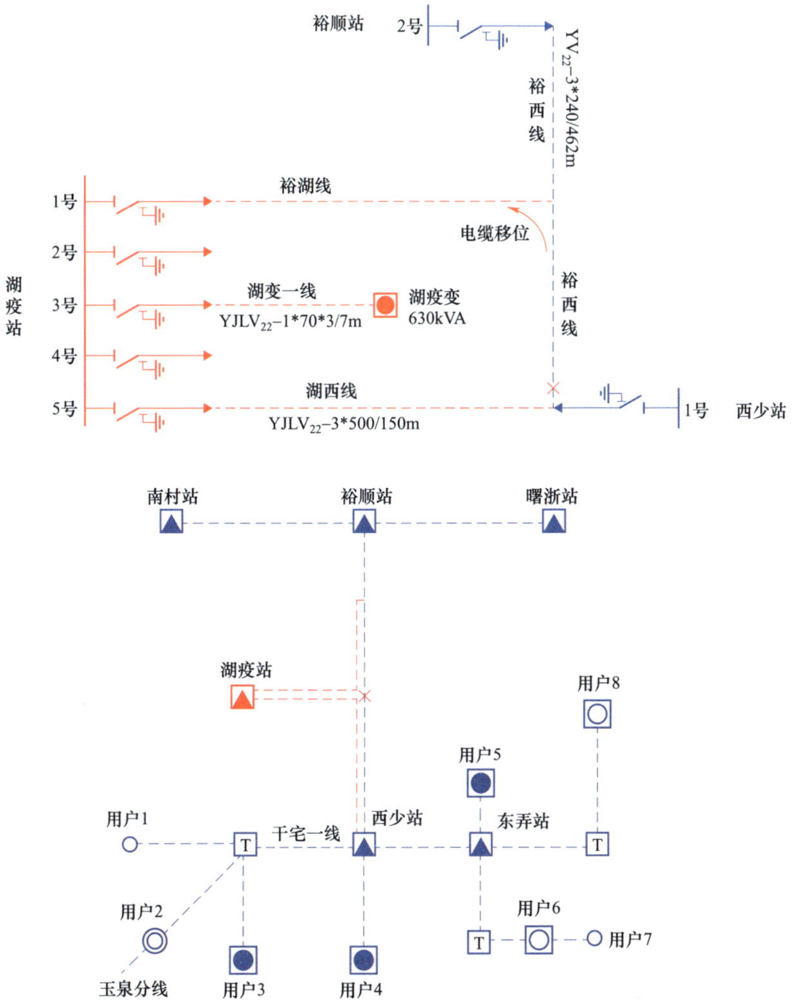

图 4-61　配电网改造工程接线图

电缆进线改接。而裕西线接的西少站为单一电源，如果裕西线停电改接，则西少站所接的 8 个用户将停电 5h，损失时户数 40 个。

为确保工程能顺利进行，又不损失时户数，须对该项工程实施电缆线路旁路作业。现场环境可以在路面上敷设柔性电缆，施工现场场地较为开阔，采用旁路法进行电缆线路不停电作业。

4.16.2　不停电作业方案确定

由于裕顺站没有空间隔，需将裕曙线（曙浙站—裕顺站）裕顺站侧电缆头拆除，线路开环运行，裕顺站 4 号间隔空出，用户 4 由发电车进行供电后，西少站空出 2 号间隔，经裕西旁线供电后，可将裕西线退出运行，从而达到不停用户进行电缆线路改接的目的。

4.16.3　不停电作业方案实施

（1）作业前系统示意图见图 4-62。

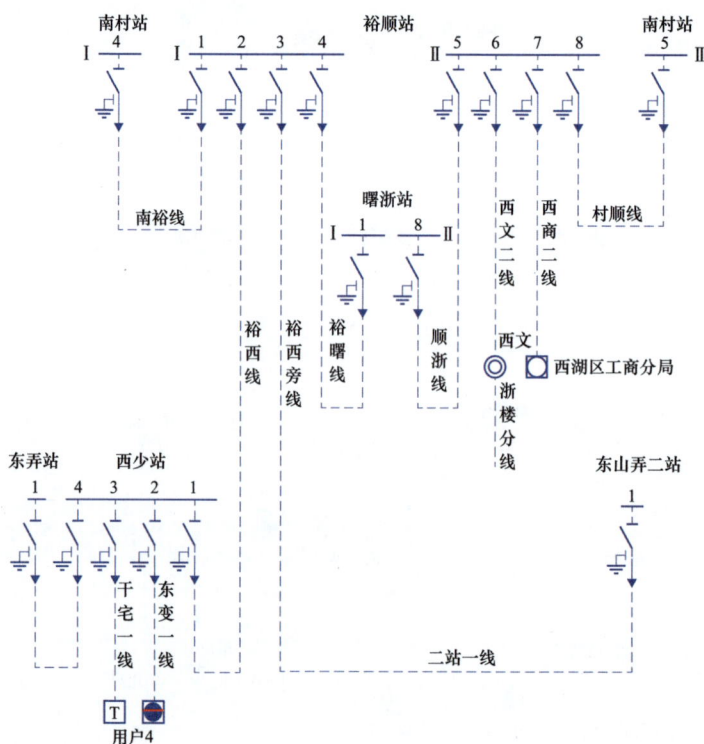

图 4-62　作业前系统示意图

（2）电缆线路旁路后系统接线图见图 4-63。

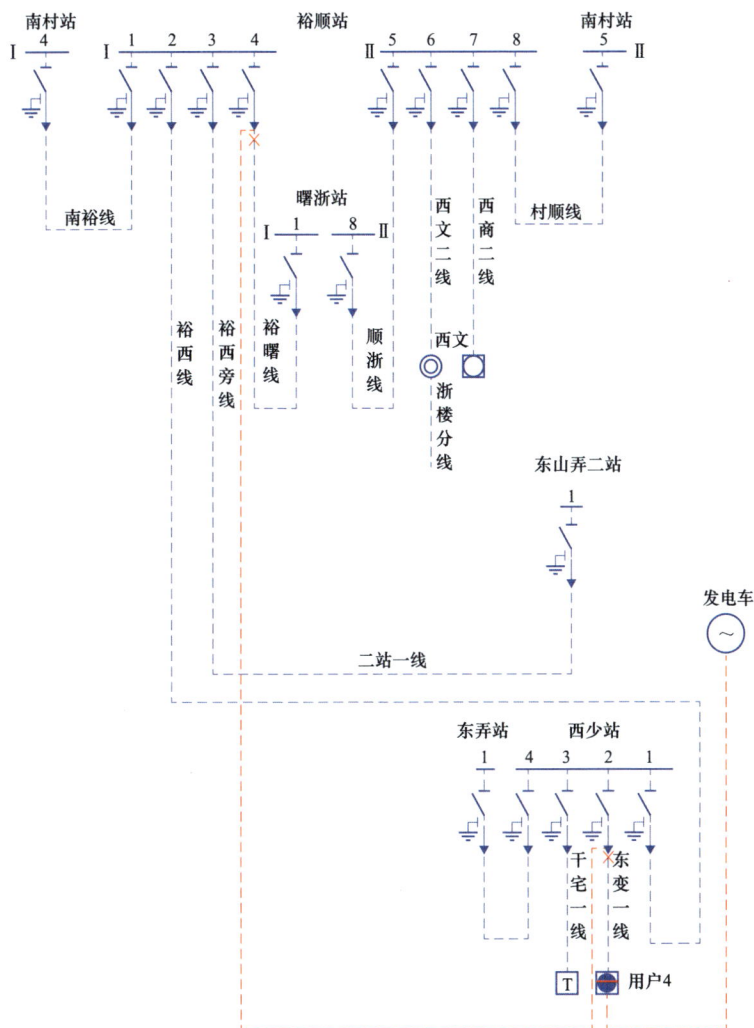

图 4-63 电缆线路旁路后系统接线图

（3）作业步骤见表 4-3。作业现场柔性电缆对接见图 4-64。

表 4-3 作 业 步 骤

步骤	工作内容	施工单位
1	调整好工作前系统运行方式（曙浙站裕曙线改检修状态、裕顺站裕曙线改检修状态）	
2	曙浙站裕曙线改热备用状态	运检班

步骤	工作内容	施工单位
3	曙浙站裕曙线改检修状态	
4	裕顺站裕曙线改热备用状态	运检班
5	裕顺站裕曙线改检修状态	
6	拆除裕顺站裕曙线电缆头	
7	从裕顺站4号间隔敷设旁路柔性电缆至西少站2号间隔，电缆试验完毕	带电班
8	发电车在用户4旁就位	
9	完成发电车低压出线敷设	运检班
10	断开用户4低压开关	
11	完成发电车低压出线接线，发电车发电给用户4低压侧供电	
12	西少站东变一线改检修状态	运检班
13	拆除西少站东变一线电缆终端头	
14	裕顺站4号间隔搭接柔性电缆头	带电班
15	西少站2号间隔搭接柔性电缆头	
16	西少站2号间隔——裕顺站4号间隔间联络电缆报投（命名裕西旁线）	
17	西少站裕西旁线改热备用状态	
18	裕顺站裕西旁线改热备用状态	
19	裕顺站裕西旁线间隔改运行状态，冲击正常	
20	西少站裕西旁线与相邻运行间隔二次核相	
21	核相正确后，西少站裕西旁线改运行状态	运检班
22	西少站裕西线改热备用状态	
23	裕顺站裕西线改热备用状态	
24	裕顺站裕西线改检修状态	
25	西少站裕西线改检修状态	
26	裕西线电缆开口，串入新设湖疫站	
27	裕西线串入新设湖疫站完工后，新设备报投（湖疫站，裕湖线、湖西线热备用）	
28	裕顺站裕西线、西少站裕西线更名工作	
29	裕顺站裕湖线改热备用状态	
30	西少站湖西线改热备用状态	运检班
31	裕顺站裕湖线热备改运行	
32	湖疫站裕湖线热备改运行	
33	湖疫站湖西线热备改运行	运检班
34	西少站湖西线间隔与相邻运行间隔二次核相	

续表

步骤	工作内容	施工单位
35	西少站湖西线热备用改运行	运检班
36	西少站裕西旁线改热备用状态	
37	裕顺站裕西旁线改热备用状态	
38	裕顺站裕西旁线改检修状态	
39	西少站裕西旁线改检修状态	
40	拆除裕顺站裕西旁线旁路柔性电缆头	带电班
41	拆除西少站裕西旁线旁路柔性电缆头	
42	收回旁路柔性电缆	
43	西少站 2 号间隔搭接东变一线电缆终端头	运检班
44	合上西少站东变一线间隔开关	
45	发电车停机，退出给用户 4 低压侧供电，拆除发电车低压出线接线	
46	合上用户 4 低压开关	
47	搭接裕顺站裕曙线电缆头	
48	调整好工作前系统运行方式（曙浙站裕曙线改运行状态、裕顺站裕曙线改运行状态）	
49	曙浙站裕曙线改热备用状态	运检班
50	曙浙站裕曙线改运行状态	
51	裕顺站裕曙线改热备用状态	
52	裕顺站裕曙线改运行状态	
53	工作终结，检查现场情况是否符合相关要求	带电班

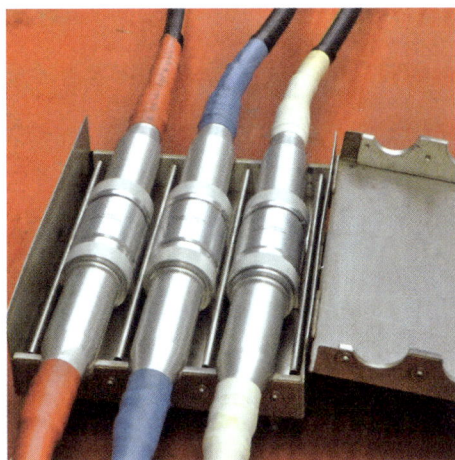

图 4-64　作业现场柔性电缆对接

4.16.4　不停电作业实施成效

在开关站空间隔不足的情况下，通过 10kV 发电车对单个高压用户保电，解决开关站间隔不足难题，确保电缆不停作业顺利实施，保障西少站所接的用户 1～用户 3、用户 5～用户 8 七个用户不停电，将用户 4 停电时间缩小至 30min 以内，累计减少 40 个停电时户数。

4.16.5　方案注意点

（1）发令及操作环节。电缆线路旁路作业操作步骤较多，调度发令和操作班组操作前须对整个作业过程熟练掌握，同时建议操作人员不离开现场，以便能随时掌握现场设备状态。

（2）发电车供电环节。发电车在与用户 4 低压侧切换供电的操作过程中一定要确保先断后通，避免事故的发生。

（3）旁路电缆合环环节。裕顺站 4 号间隔和西少站 2 号间隔的旁路电缆投入运行前，必须做好核相工作，确保旁路电缆相位正确。

（4）现场指挥。作业现场因为涉及的部门和施工单位较多，须设立一名现场总指挥来协调现场各项工作的开展。现场总指挥须熟练掌握电缆线路旁路作业整个过程中的各个环节，能及时发现作业过程中可能出现的安全隐患，能及时解决作业过程中可能出现的问题。

第5章

应急电源供电现场典型实操

» 5.1 中压移动发电车非同期接入、非同期退出 «

5.1.1 实施背景

某供电公司 10kV 忠义线地处沿海空旷地区，每年夏天因受恶劣天气影响引起的线路故障较为频繁。该线路主线为架空绝缘线，无避雷线，使用的防雷设备为防雷合成绝缘子。需对 10kV 忠义线 1~125 号杆主线路、分支线加装避雷线，更换角铁横担，安装过电压保护器，同时根据一停多用的原则，对停电范围内的线路进行同步消缺，并将在停电范围内可结合的农网项目一并结合实施。

5.1.2 不停电作业方案确定

为确保最小的停电范围以及停电时户数影响，在前期对线路进行施工勘查时，曾考虑过转供负荷或者采用不停电作业方式来减小线路改造对于供电可靠性的影响，但是由于以下因素的影响未能实施：

（1）10kV 忠义线地处两县交界处，125 号杆后段无与其他线路的有效联络通道，因此该次停电无法通过负荷转供的方式来缩小停电范围。

（2）此次施工主要工作是加装避雷线，经现场勘查，在装设避雷线的同时需要一并将横担、导线进行下沉，在顶端拉钢绞线，线路直接不停电作业不满足安全距离。

经调阅 10kV 忠义线负荷发现，该线路共有公用变压器 111 台，专用变压器

10 台,配电变压器虽多,但负荷有限,夏季以来,白天全线最大电流不超过 120A,特别是 125 号杆后段,除 1 个专用变压器用户外,其余 18 台配电变压器均为农村配电变压器,使用 10kV 中压发电车,对某一段用户进行保电,是完全可行的。

此外,由于施工日为梅雨季节,为防止天气原因无法带电作业,提前在 125 号杆旁副杆安装一组刀闸,用于挂接旁路电缆接入 1000kW 中压发电车。考虑到天气原因,无法在开关两侧接入旁路电缆,采用非同期接入和退出的方式。

5.1.3 不停电作业方案实施

施工当日,将 125 号杆开关拉开,此时 125 号杆后停电。合上闸刀后,启动发电机组,然后合上发电机组开关,此时 125 号杆后段负荷由发电车供电,发电车接入系统正常,发电车输出功率约 160kW,见图 5-1。

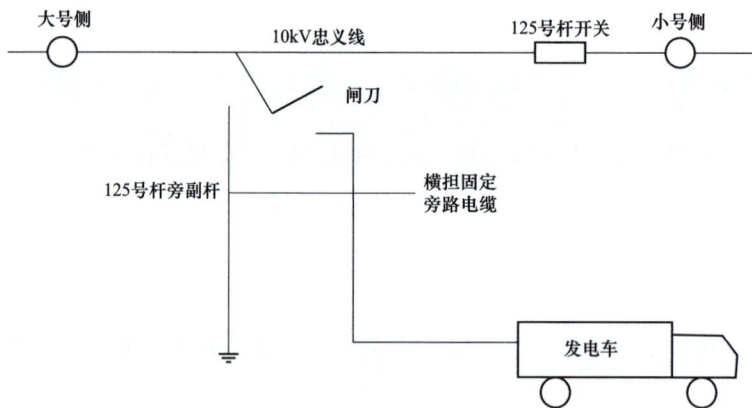

图 5-1　10kV 忠义线发电车接入示意图

5.1.4 不停电作业实施成效

线路上工作结束后,先将发电机组退出,拉开闸刀,然后合上 125 号杆分段开关,线路全线负荷正常。发电机组共发电 7h,消耗燃油 600 升,供电量测算约 1200kWh。少停 19 个用户,共计 133 户时。

5.1.5 方案注意点

(1)发电车的接入点。中压发电车车体宽高且自重较大,加满油后超过 30t选择接入点时,一定要提前进行路线勘查,观察沿途道路和桥梁是否满足车辆通行条件。接入点宜选择空旷地带附近，且路面牢靠，以方便停车及电缆施放。

（2）发电车持续输出能力。根据车辆供应商介绍，该型 1000kW 发电车加满油后，可满发约 8h，完全能满足一般施工时间需求。如遇施工过程中有特殊情况导致施工时间变长时，需有现场应急处置预案，配置备用油罐车补充燃油，或对所带部分负荷进行拉停。

（3）与带电作业的配合。要实现用户的完全不停电，需考虑发电车同期并网。要满足同期并网条件，需在柱上开关两侧分别接入旁路电缆。为尽可能不受天气影响，可提前在接入点采用带电作业方式临时安装开关和刀闸作为快速接入点，同时将带电接入旁路电缆的复杂项目转换为带电搭接刀闸上引线的简单项目，而后交由运维人员实行刀闸操作，界面清晰，操作方便。

（4）发电车的安全使用。发电车退出运行前，负荷切换至电网供电，此时应核对发电机相位相序与电网保持一致。发电车应保证接地牢靠，周边设置围栏，有条件建议设置 r 局部等电位区域。旁路电缆系统组装完成后，应检测电缆绝缘电阻等。

▶ 5.2　中压移动发电车同期接入、同期退出 ◀

5.2.1　实施背景

为配合政府规划，需对某供电公司 10kV 南虹线部分线路进行迁改。10kV 南虹线 280010 – 1 号杆与 280010 号杆中间新立 1 基 G9A 钢杆。原 10kV 南虹线 280014 – 1 号杆配电变压器迁移至新架线路。拆除 10kV 南虹线 280010 号杆至 280029 号杆间架空线路。

5.2.2　不停电作业方案确定

10kV 南虹线处于市区核心地段，网架坚强，非作业范围内负荷均可转供。根据作业范围，需对 10kV 南虹线 280009 号杆开关至 10kV 280 号 2 树脂厂环网柜 22 号开关之间线路停电，见图 5 – 2。为减少停电对市区重要用户影响，决定采用中压发电车，对该范围内 10kV 南虹线 280029 – 1 号杆分支线后段用户保电。

由于中压发电车可以停在开关附近，决定采用同期接入，同期退出。

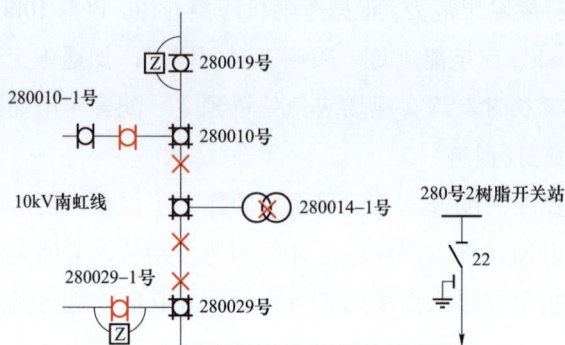

图 5-2 10kV 南虹线部分线路迁改示意图

5.2.3 不停电作业方案实施

（1）线路施工安排在 7 月 6 日。7 月 5 日，中压发电车行驶至预定接入位置。下午当地天气良好，满足不停电作业条件。发电车如采用同期方式并入电网，需在同期合闸前从发电车施放旁路电缆接入电网，为防止第二天下雨不满足旁路电缆带电接入电网条件，因此决定先采用不停电作业方式，从 280029+2 号杆上引下刀闸作为旁路电缆接入点。南虹线发电车接入示意图见图 5-3。

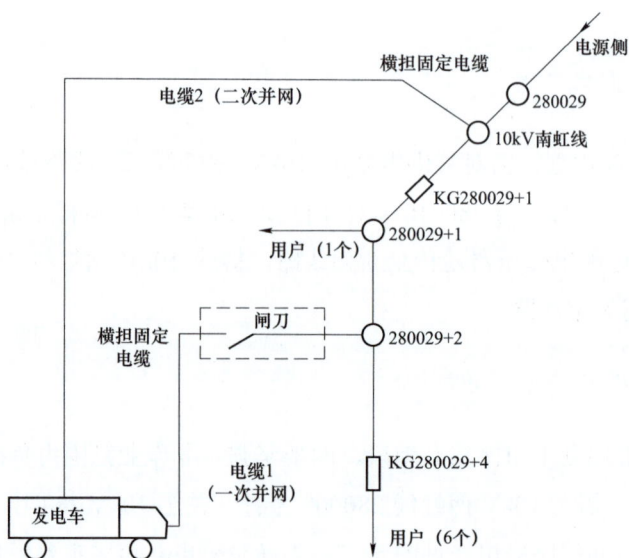

图 5-3 南虹线发电车接入示意图

（2）7 月 6 日，线路检修前，将发电车并入电网，当天外部满足带电作业条件。具体操作步骤如下：

1）发电车施放电缆 1 与闸刀连接，合上闸刀。

2）发电机自动同期后并列（见图 5-4），拉开 10kV 南虹线 KG280029+1 开关，此时后段由发电车供电。

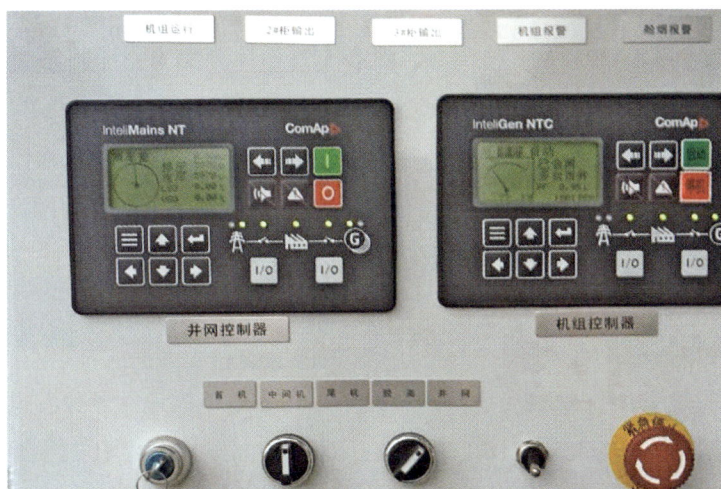

图 5-4　10kV 发电车同期并网控制面板

3）拉开 10kV 南虹线 280009 号杆开关、10kV 南虹线 280 号 2 树脂厂环网柜 22 号开关，检修部分线路停电。

4）在 10kV 南虹线 280029+1 号杆带电断 280029+1 开关小号侧引线，形成明显断开点。

5）检修工作完结后，将发电车退出电网。因当天外部满足带电作业条件，所以发电车退出仍然选择同期退出方式。

6）在 10kV 南虹线 280029+1 号杆带电接 280029+1 开关小号侧引线。

7）合上 10kV 南虹线 280009 号杆开关、10kV280 号 2 树脂厂环网柜 22 号开关，检修部分线路恢复供电。

8）中压发电车接电缆 2，采用带电作业方式搭接至架空线路，自动同期后与电网并列，KG280029+1 开关两侧核对相序一致，合上 KG280029+1 开关，此时负荷由电网和发电车共同供电。

9）退出中压发电车，并拆除电缆及快速接入装置。

5.2.4 不停电作业实施成效

中压发电车与电网的接入和退出全部采用同期方式，实现了用户完全不停电。少停 8 个用户，共计 48 户时。

5.2.5 方案注意点

（1）发令及操作环节步骤较多，作业人员操作前须对整个作业过程熟练掌握，同时建议操作人员不离开现场，以便能随时掌握现场设备状态。

（2）关键步骤核相。

1）检修前后发电车的接入和退出均应核对好相序后再进行并网。

2）检修完成且机组二次并网完成后，10kV 南虹线 KG280029＋1 开关两侧核对相序一致，才能合上分界开关。

（3）异常情况处置原则。

1）若发电车所供线路（负荷侧）发生短路或单相接地，导致发电车断路器跳闸，现场工作负责人应立即汇报调度，调度通知发电车停机，并通知运行单位对故障线路查找处理。当故障处理结束后，发电机退出运行，由系统给负荷侧供电。

2）第二次并网时，若发电车断路器跳闸，则发电车退出运行，合上分界开关由系统给负荷侧供电。

3）发电机异常，立即停机并汇报调度，发电机退出运行。

❯ 5.3 架空线路"零停电"不停电改电缆线路 ❮

5.3.1 实施背景

某供电公司 10kV 电力迁改一期工程需对 10kV 康油支线 1~4 号杆架空线改电缆，采用架空线路"零停电"不停电改电缆线路实施方案。

10kV 康油支线为单辐射供电线路，从安桥站 10kV 平安桥分线 8 号杆分出，后端有平安桥（3）农、平安桥（3-1）农、三联、詹骨、康油五个用户共 2565kVA。

其中康油为双路电源用户，可以提前切换至西煤站供电，见图 5-5 和图 5-6。

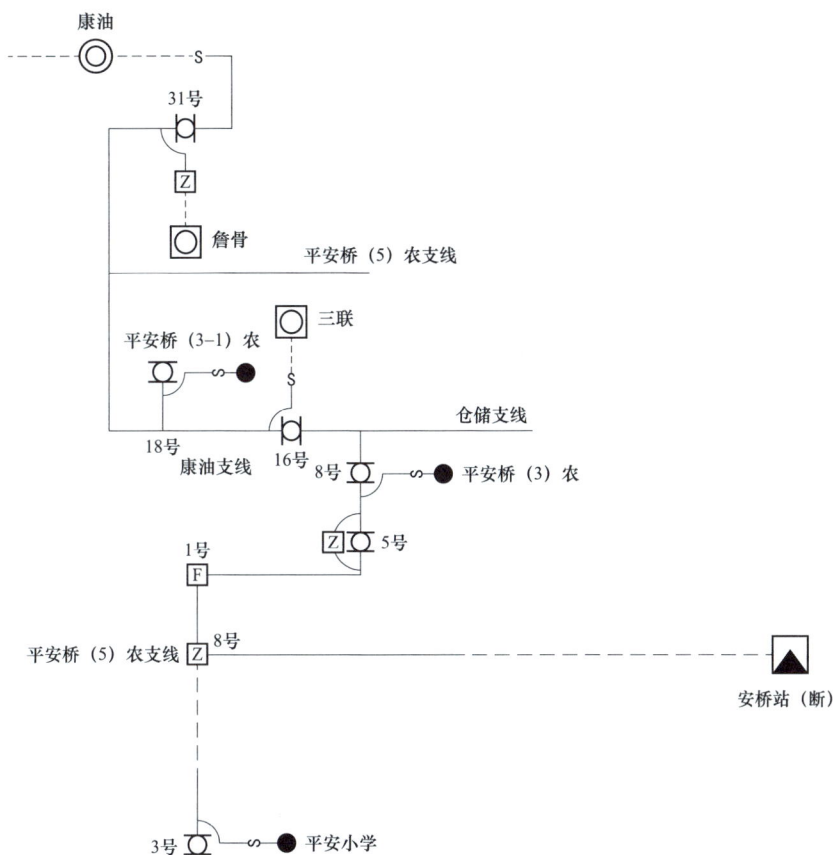

图 5-5　安桥站 10kV 康油支线系统单线图

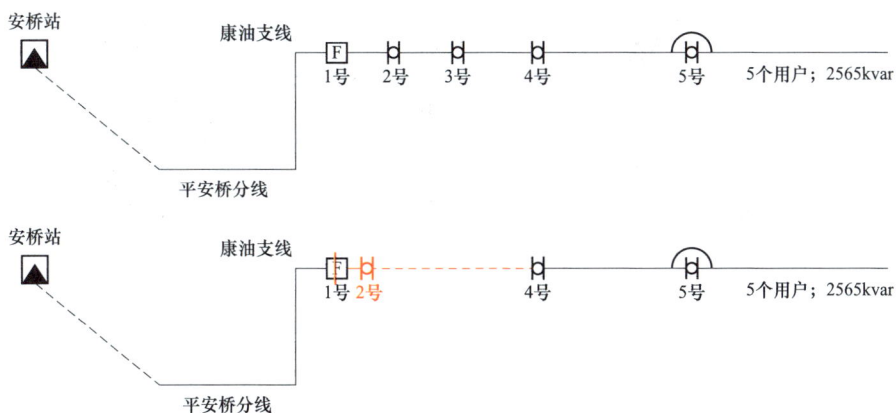

图 5-6　安桥站 10kV 康油支线不停电迁改示意图

5.3.2 不停电作业方案确定

经过现场勘查，康油支线 1～4 号杆位于河道边蔬菜大棚基地，带电作业特种车辆无法进入，因此无法通过带电作业方式建立以新设工程电缆搭建的旁路系统。为确保康油支线 4 号杆后段医院、商铺及居民用户在电力线路迁改过程中完全不停电。拟通过 10kV 发电车不停电并网与解列，实现对安桥站 10kV 康油支线完全不间断供电。经作业现场勘查，10kV 康油支线 5 号杆（非检修区间）附近位置宽阔，适合发电车停放，满足现场作业需求，为确保在发电车的接入和退出过程中，康油支线用户完全不停电，选择 10kV 康油支线 5 号杆作为发电车保电接入点，分别在 5 号杆两侧接入两组柔性电缆，用于采集施工前、后市电信号，在 10kV 康油支线 5 号杆上带负荷安装柱上开关，如图 5-7 所示，作为检修区域和保电区域的分界开关使用。整个方案实施分为三个主要部分，分别是发电车保电不停电接入、康油支线 1～4 号杆架空线路停电改电缆线路、发电车保电不停电退出。

图 5-7　10kV 康油支线 5 号杆带负荷加装柱上开关

（1）旁路负荷开关 1 上引线带电搭头、第一次并网。10kV 康油支线分界开关处于合闸状态时，确认旁路负荷开关 1 处于分闸状态，在 10kV 康油支线 5 号杆负荷侧带电搭头（见图 5-8 中 A 点），合上旁路负荷开关 1，核对第一次并网开关两侧相序后，进行第一次并网。第一次并网成功后，拉开分界开关。

（2）施工班组采用停电施工方式对康油支线 1～4 号杆进行架空线路改电缆线路工作。

（3）旁路负荷开关 2 上引线带电搭头、第二次并网。"上改下"工作完成后，送电至康油支线 5 号杆电源侧，保持旁路负荷开关 1、发电车第一次并网开关处于合闸状态，确认旁路负荷开关 2 处于分闸状态，在 10kV 康油支线 5 号杆电源侧（见图 5-8 中 C 点）带电搭头。然后合上旁路负荷开关 2，核对第二次并网开关两侧相序后进行第二次并网，并网成功且合上康油支线 5 号杆分界开关。

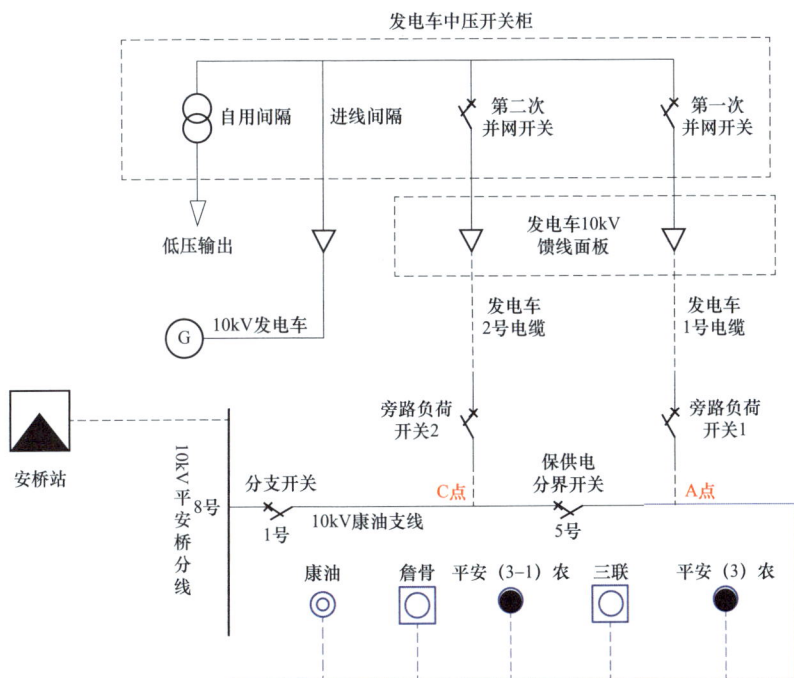

图 5-8　不停电作业方案接线示意图

5.3.3　不停电作业方案实施

（1）发电车 1 号电缆带电搭头、第一次并网（核相序）。第一次并网开关处于断开状态，第二次并网开关处于断开状态，调度许可现场作业人员旁路负荷开关 1 上引线带电搭头、在合上旁路负荷开关 1 后，如图 5-9 所示，发电机组启动，空载运行，按下第一次并网开关开始并网（核相序）。

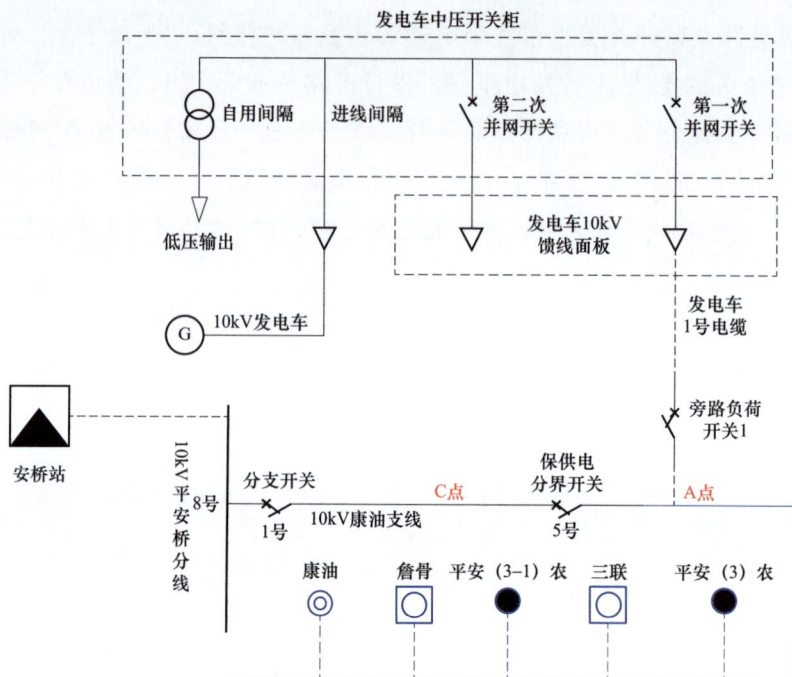

图 5-9　发电车 1 号电缆带电搭头

　　作业人员在 10kV 康油支线 5 号杆分界开关负荷侧（A 点）通过带电作业实现旁路负荷开关上引线电缆搭头。之后合上旁路负荷开关 1，开始第一次并网：若相序一致，则按下控制屏上"第一次并网"按钮，控制器自动检测市电与发电机组输出偏差，开始自动调整发电机组输出电源，当机组电源与系统电源同步时，控制器上面的同步表指针对准十二点钟方向，断路器（第一次并网开关）自动合闸；第一次并网成功后如图 5-10 所示，第一次并网开关处于合闸状态，负荷侧由发电车和系统同时供电。

　　（2）拉开 10kV 康油支线 5 号杆分界开关、10kV 康油支线 1 号杆分支开关。如图 5-11 所示，拉开 10kV 康油支线 5 号杆分界开关，保持旁路负荷开关 1、第一次并网开关处于合闸状态，负载侧仅由发电车供电。再拉开 10kV 康油支线 1 号杆分支开关，施工班组对康油支线 1~4 号杆进行"上改下"工作。

发电车中压开关柜

自用间隔　进线间隔　第二次并网开关　第一次并网开关

低压输出

发电车10kV馈线面板

G 10kV发电车

发电车1号电缆

旁路负荷开关1

安桥站

10kV平安桥分线

8号　分支开关　1号　C点　10kV康油支线　保供电分界开关　5号　A点

康油　詹骨　平安（3-1）农　三联　平安（3）农

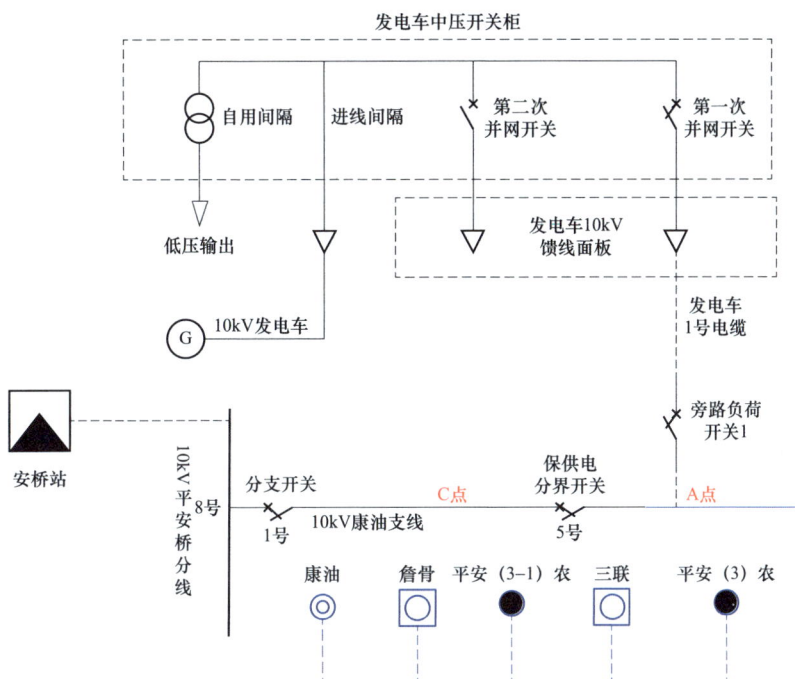

图 5-10　第一次并网接线图

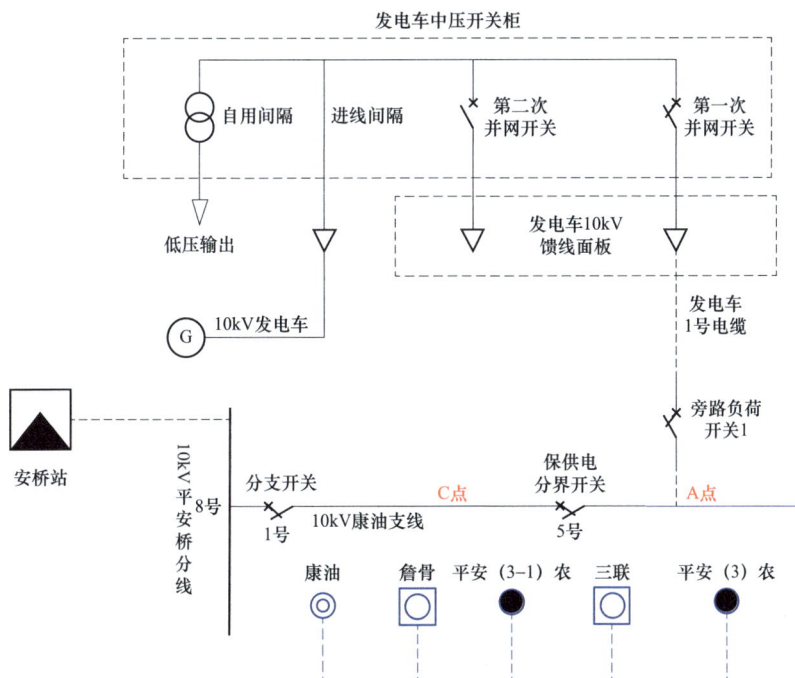

发电车中压开关柜

自用间隔　进线间隔　第二次并网开关　第一次并网开关

低压输出

发电车10kV馈线面板

G 10kV发电车

发电车1号电缆

旁路负荷开关1

安桥站

10kV平安桥分线

8号　分支开关　1号　C点　10kV康油支线　保供电分界开关　5号　A点

康油　詹骨　平安（3-1）农　三联　平安（3）农

图 5-11　拉开 10kV 康油支线 1 号杆分支开关后系统接线图

（3）旁路负荷开关 2 上引线带电搭头、第二次并网（核相序）。待康油支线 1～4 号杆进行"上改下"工作结束，合上 10kV 康油支线 1 号杆分支开关，送电至 10kV 康油支线 5 号杆电源侧。如图 5-12 所示，发电车第二次并网开关、旁路负荷开关 2、10kV 康油支线 5 号开关处于断开状态。第一次并网开关、旁路负荷开关 1 处于合闸状态，调度许可现场作业人员旁路负荷开关 2 上引线带电搭头、合上旁路负荷开关 2 后第二次并网（核相序）。

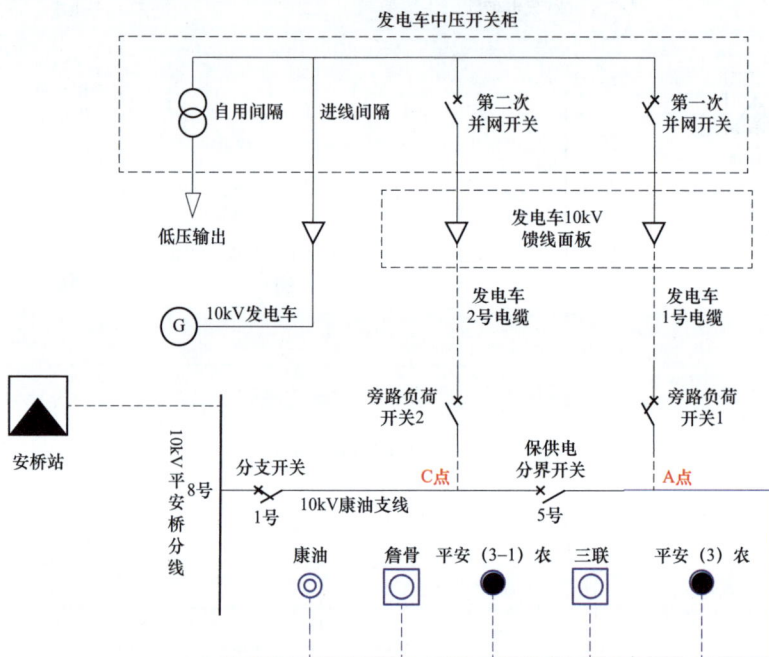

图 5-12 发电车 2 号电缆带电搭头

在分界开关电源侧 C 点通过带电作业实现旁路负荷开关 2 上引线电缆搭头，通过柔性电缆色相标识确认发电车 2 号电缆在系统线路上的搭接相序与发电车 1 号电缆在系统线路上的搭接相序严格一致，合上旁路负荷开关 2。

之后开始第二次并网：若相序一致，按下控制屏上"第二次并网"按钮，控制器自动检测市电与发电机组输出偏差，开始自动调整发电机组输出电源，当机组电源与市电同步时，控制器上面的同步表指针对准十二点钟方向，断路器自动合闸，再合上旁路负荷开关 2，之后按下控制屏上"第二次并网"按钮，第二次并网成功后，如图 5-13 所示，发电车第二次并网开关处于合闸状态，负荷侧由发电车和系统同时供电。

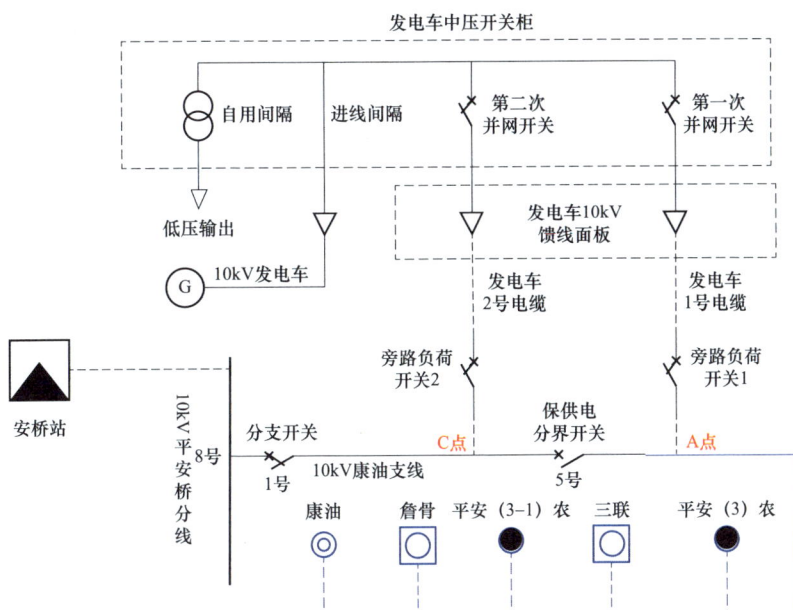

图 5-13　第二次并网后接线图

（4）合上分界开关。第二次并网成功后，由调度许可运行人员在 10kV 康油支线 5 号杆分界开关两侧核对相位。分界开关两侧核对相位正确后，调度许可现场运行人员合上分界开关，如图 5-14 所示。

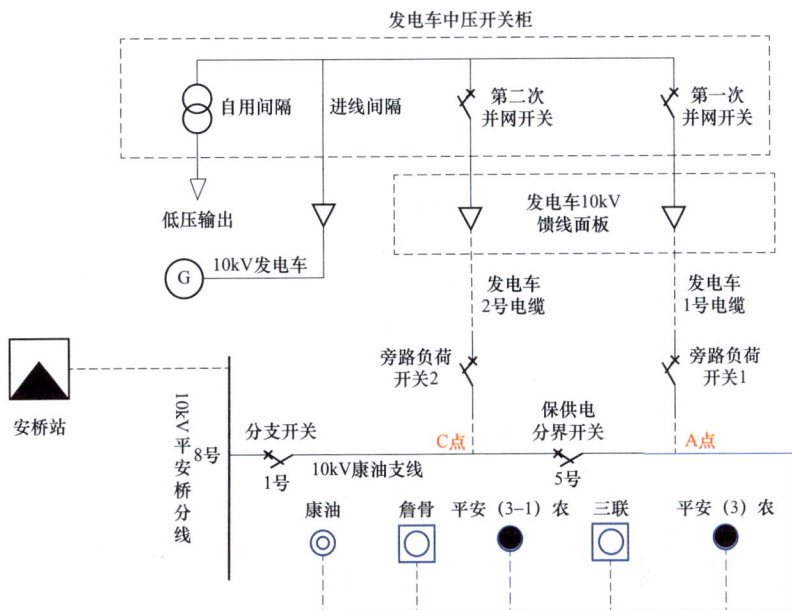

图 5-14　第二次并网且分界开关合上后接线图

（5）发电车退出供电。调度许可现场作业人员发电车退出供电。如图 5-15 和图 5-16 所示，依次拉开发电车环网柜第一次并网开关、第二次并网开关、旁路负荷开关 1、2。带电依次拆除旁路负荷开关 1、2 上引线，拆除发电车 1 号、2 号电缆，逐相充分放电后盘至电缆仓。

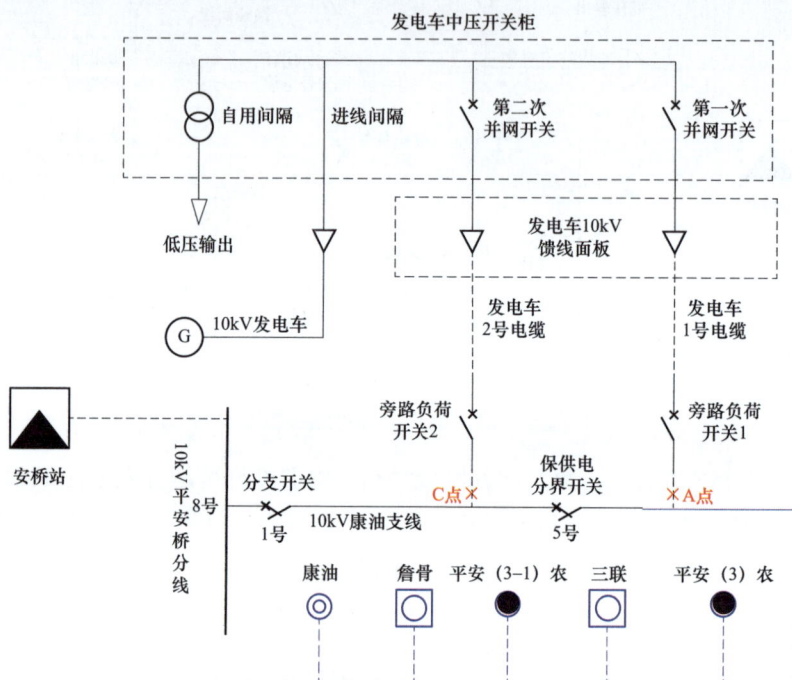

图 5-15　发电车退出运行，线路由系统正常供电

图 5-16　现场倒闸操作退出中压发电车

5.3.4　不停电作业实施成效

本次中压发电车在 10kV 康油支线不停电迁改的应用，与电网的接入和退出全部采用同期方式，通过在架空线路改电缆过程前后分两次采集市电信号进行不停电并网，破解了传统发电车作业保供电过程中因存在"先断后通"操作造成用户两次短暂停电的难题，实现了 10kV 康油支线后段詹氏骨科医院、康油等五个重要用户"零停电"，累计减少 40 个停电时户数。

5.3.5　方案注意点

（1）发令及操作环节。由于两次作业操作步骤较多，调度发令和操作人员操作前须对整个作业过程熟练掌握，同时建议操作人员不离开现场，以便能随时掌握现场设备状态。

（2）关键步骤核相。

1）并网时：若相序一致，按下控制屏上"第二次并网"按钮，控制器自动检测市电与发电机组输出偏差，开始自动调整发电机组输出电源，当机组电源与系统电源同步时，控制器上面的同步表指针对准十二点钟方向，断路器自动合闸；若相序不一致，控制面板显示"相序不一致"，则拉开相应旁路负荷开关，需要调整旁路负荷开关引上电缆 A、C 相搭接顺序，直至相序一致后重新并网。

2）合分支开关时，由调度许可运行人员在 10kV 康油支线 5 号杆分界开关两侧核对相位，务必当分界开关两侧核对相位正确后，才能合上分界开关。

（3）现场指挥。作业现场因为涉及的步骤和人员较多，须设立一名现场总指挥来协调现场各项工作的开展。现场总指挥须熟练掌握电缆线路旁路作业整个过程中的各个环节，能及时发现作业过程中可能出现的安全隐患，能及时解决作业过程中可能出现的问题。

（4）异常情况处置原则。

1）若发电车所供线路（负荷侧）发生短路或单相接地，导致发电车断路器跳闸，现场工作负责人应立即汇报调度，调度通知发电车停机，并通知运行单位对故障线路查找处理。当故障处理结束后，发电机退出运行，由系统给负荷侧供电。

2）第二次并网时，若发电车断路器跳闸，则发电车退出运行，合上分界开关由系统给负荷侧供电。

3）发电机异常，立即停机并汇报调度，发电机退出运行。

» 5.4　基于低压发电车同期并网的变压器不停电更换 «

5.4.1　实施背景

某供电公司 10kV 美北站转塘二分线 8 号杆西房变压器为 2001 年投运的美式箱变（公用变），如图 5－17 所示，因设备老旧，需要及时更换消缺，保证用户可靠供电。由于作业地点位于核心城区，已经全面实施取消 10kV 及以下计划停电工作，需要在用户"用电无感知"的情况下更换老旧变压器。

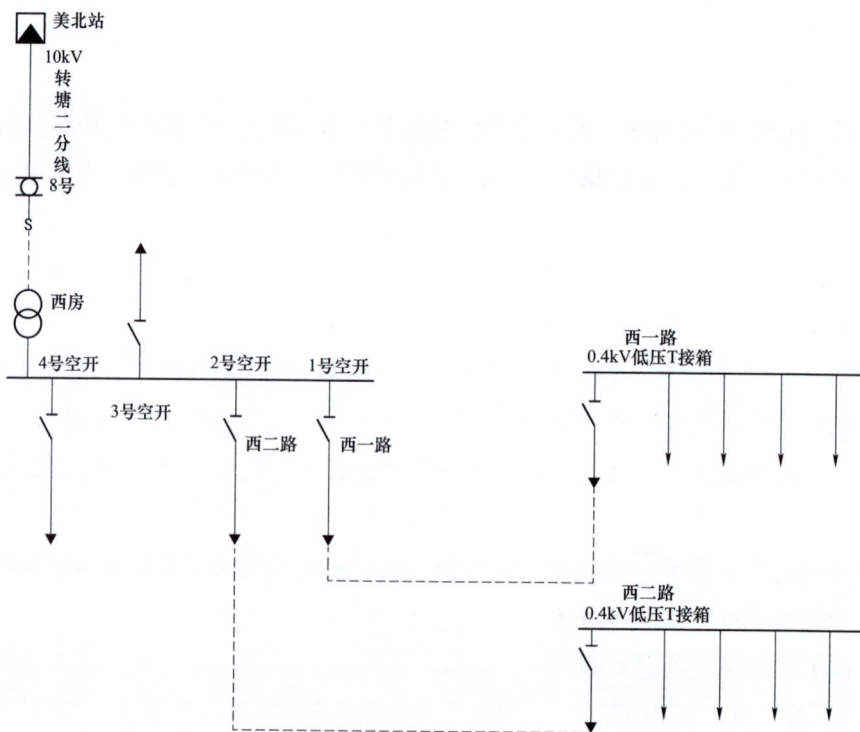

图 5－17　10kV 美北站转塘二分线 8 号杆西房变压器接线图

5.4.2　不停电作业方案确定

由于该箱式变压器位置距高压电源点需要跨越小区道路后穿过马路，通过移动箱变车带负荷更换变压器作业范围大，高压电缆敷设距离长，施工环境相对复杂，因此采用 0.4kV 发电车不停电保供电方案，拟通过 0.4kV 发电车不停电并网与解列，实现变压器更换过程所有低压用户完全不间断供电。经作业现场勘查，作业点附近位置宽阔，适合多辆发电车停放，满足现场作业需求。

5.4.3　不停电作业方案实施

（1）第一次并网（核相序），发电车接入低压 T 接箱保供电。西一路、西二路低压 T 接箱进线开关处于合闸状态时，确认低压发电车并机模块 TB（TB-1，TB-2）、MB（MB-1，MB-2）开关处于分闸状态，将用户负载（西一路、西二路低压 T 接箱母排）连接至机组"插接板-负载"侧（通过汇流夹钳连接至低压 T 接箱母排）。发电车接线示意图及汇流夹钳接入见图 5-18 和图 5-19。

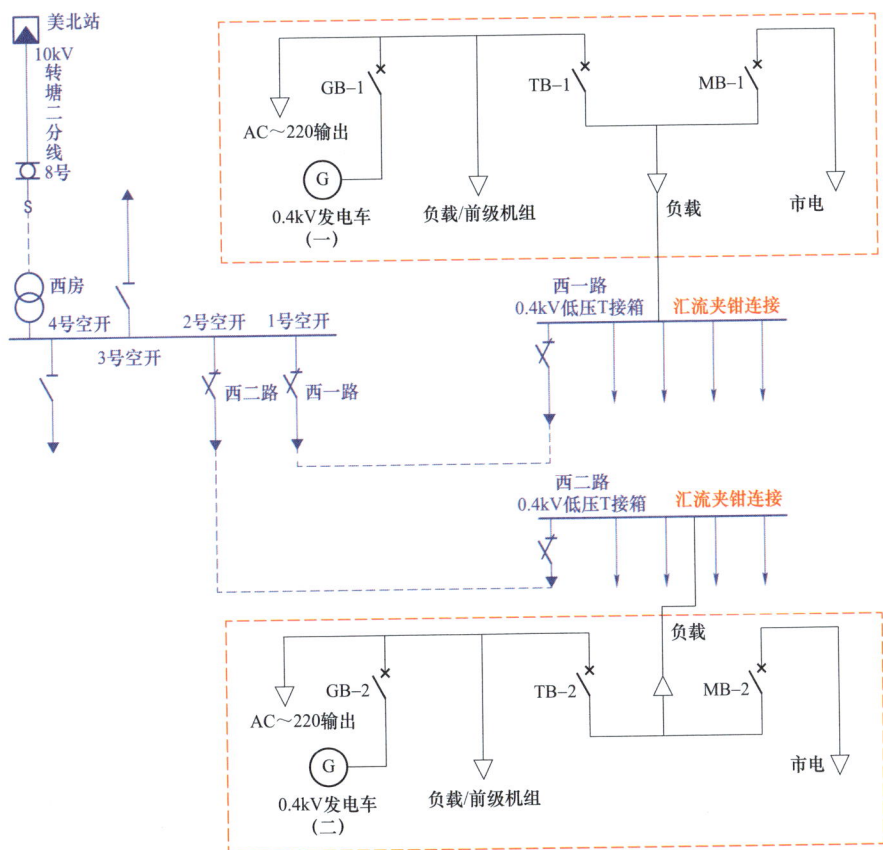

图 5-18　发电车接线示意图

图 5-19　汇流夹钳接入

将发电车面板并网模式开关调至"一次并网"，并网控制模块面板上市电状态指示灯绿色点亮。

按"并机模块－启动键"启动机组，机组启动正常后，无故障报警，则面板上发电机组运行指示灯绿色点亮。

按"并机模块－GB 合闸键"发电机组送电至发电车母排；按"并网模块－TB 合闸键"，此时"并网模块"同期检测功能自动启动并合闸。

最后人工断开"用户侧－市电进线开关（西一、西二低压 T 接箱进线开关）"，负载全部由机组供电，一次并网操作完成。如图 5-20 所示。

（2）老旧美式箱变停电更换。如图 5-21 所示，拉开 10kV 转塘二分线 8 号杆跌落开关，并带电拆除跌落开关上引线；拉开西房变压器低压侧所有空气开关。分别对西一路、西二路低压空开电缆出线电缆拆头。最后进行老旧变压器更换。

（3）第二次并网后，发电车退出。变压器更换完成后：

1）确认变压器高压侧跌落开关在断位，新西房变压器低压总开在断位，低压母排各路空气开关在断位。

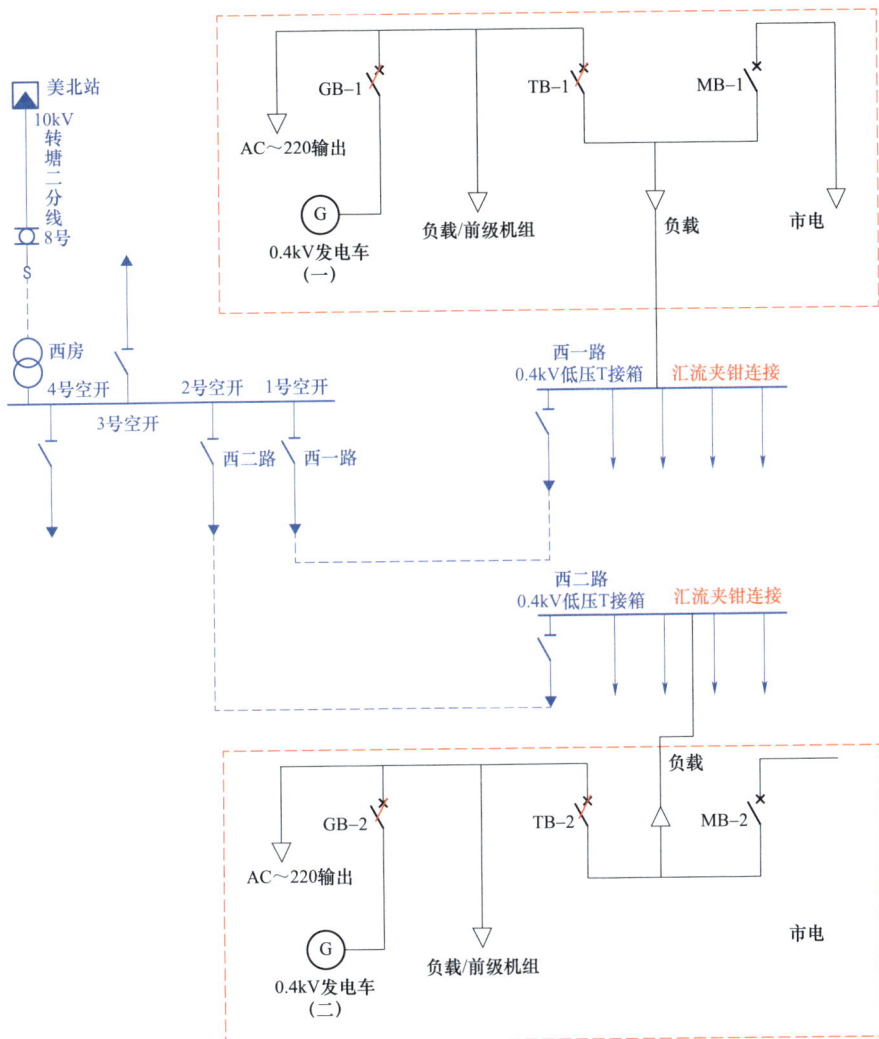

图 5-20　发电车第一次并网完成系统接线示意图

2）完成西一路、西二路低压 T 接箱进线电缆变压器侧低压侧搭接（分别接入 1 号空开，2 号空开），完成 0.4kV 发电车（一）、（二）"插接板-市电"进线电缆两侧搭接（分别接入西一路、西二路低压 T 接箱开关上桩）。

3）带电搭接跌落开关上引线，合上 10kV 转塘二分线 8 号杆跌落开关，完成高压侧送电；合上新西房变压器低压总开，送电至低压母排，如图 5-22 所示。

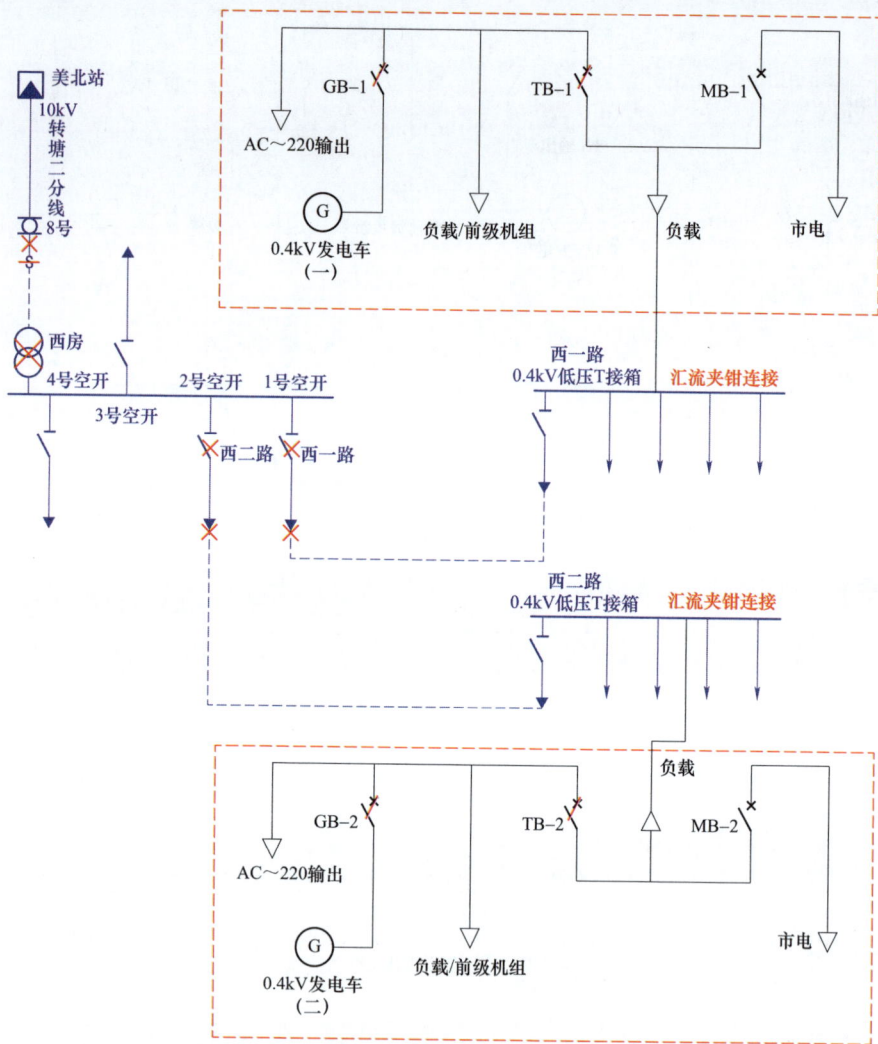

图 5-21　老旧变压器拆除系统接线示意图

合上新西房变压器低压母排西一路、西二路低压空开，市电送电至西一路、西二路低压 T 接箱进线开关上桩及"市电供电开关-MB（MB-1，MB-2）"市电侧。

4）在分别核对"市电供电开关-MB-1""市电供电开关-MB-2"两侧相序。若与相序不一致，则断开新西房"变压器低压母排西一、西二空开，调整空开下桩 A、C 相接线。

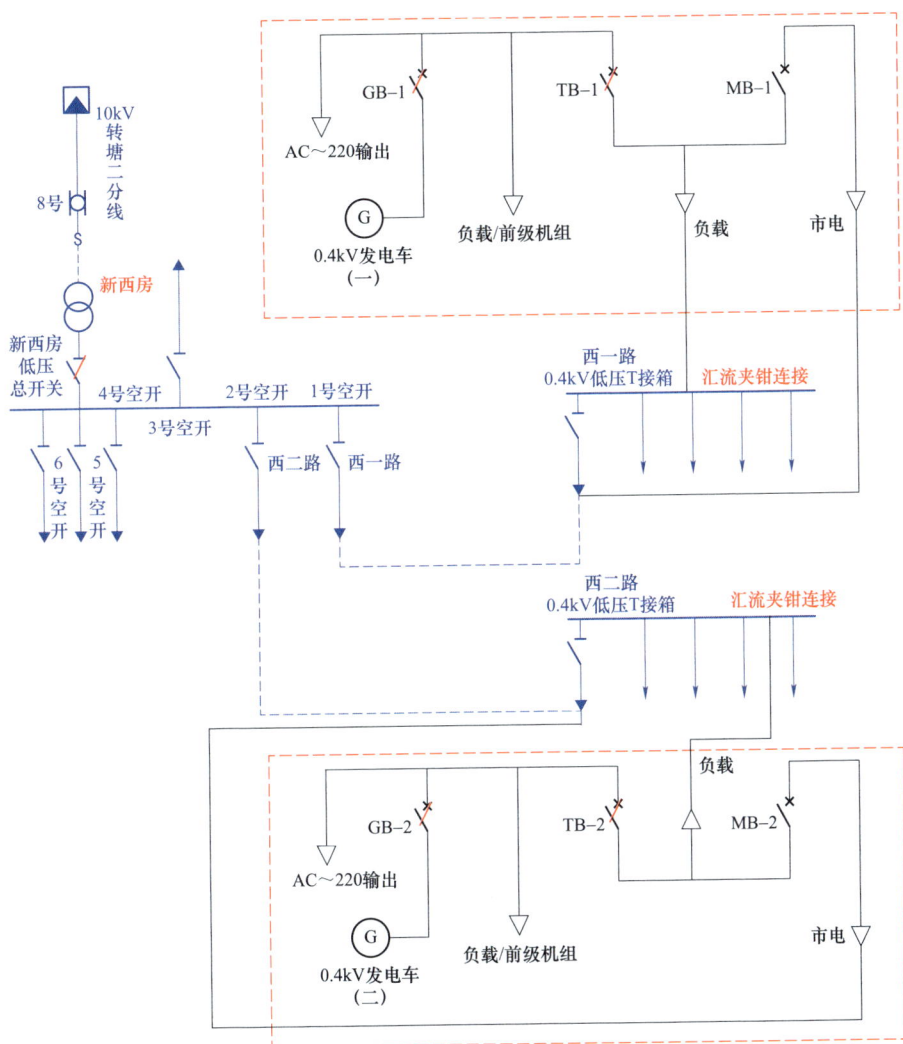

图 5-22　新西房变压器送电至低压侧母排

5）"市电供电开关－MB－1""市电供电开关－MB－2"两侧相序核对一致后，并网控制模块面板上市电状态指示灯绿色点亮，分别按两台发电车"并网模块－市电供电开关 MB 合闸键"，此时，系统自动启动同期检测功能，在机组与市电达到预设同期窗口范围时,输出市电进线开 MB 合闸信号,MB 自动合闸;此时，发电机与市电并网运行，并自动开始向市电转移负载。

6）待负载转移达到预设范围时，系统自动断开"发电机开关 TB（发电机

TB-1、TB-2)",此时,发电机退出,负载由市电供电。二次并网操作完成,如图 5-23 所示。

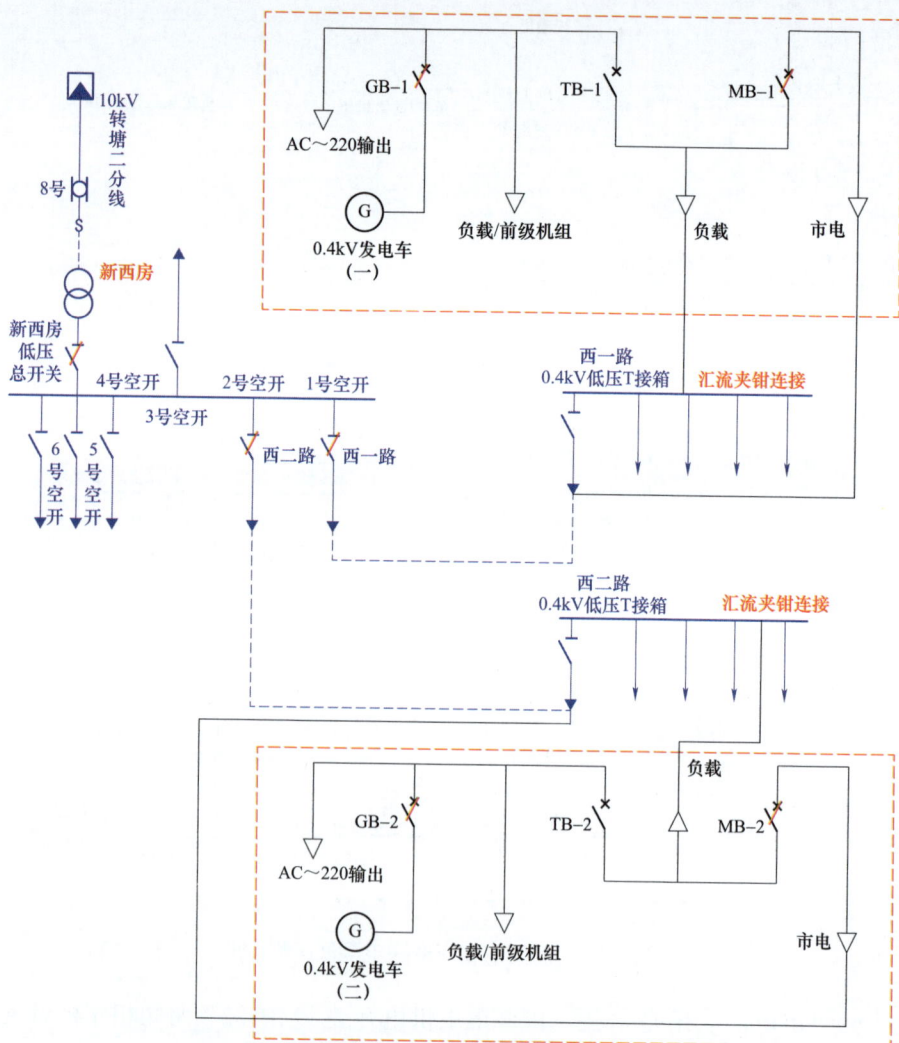

图 5-23　二次并网完成后系统接线图

7)核对西一路、西二路 T 接箱进线开关两侧相位(序)无误后合闸。此时,电源车上"市电进线开关 MB-1、MB-2"作为"西一路空开、西二路空开"的旁路开关,并联运行。

8）按"并网模块 – 市电供电开关 MB 分闸键"，此时，电源车上"市电供电开关 MB"分闸，电源车退出，负载完全由用户侧市电进线回路供电。

9）按"并机模块 – GB 分闸键"，机组出口断路器分闸；再按"并机模块 – 机组停止键"，此时机组进入停机程序，连续按两次停止键，系统跳过冷却运行阶段，机组立即停机。

10）拆除 4 组连接电缆，逐相充分放电后盘至电缆仓。如图 5 – 24 所示。

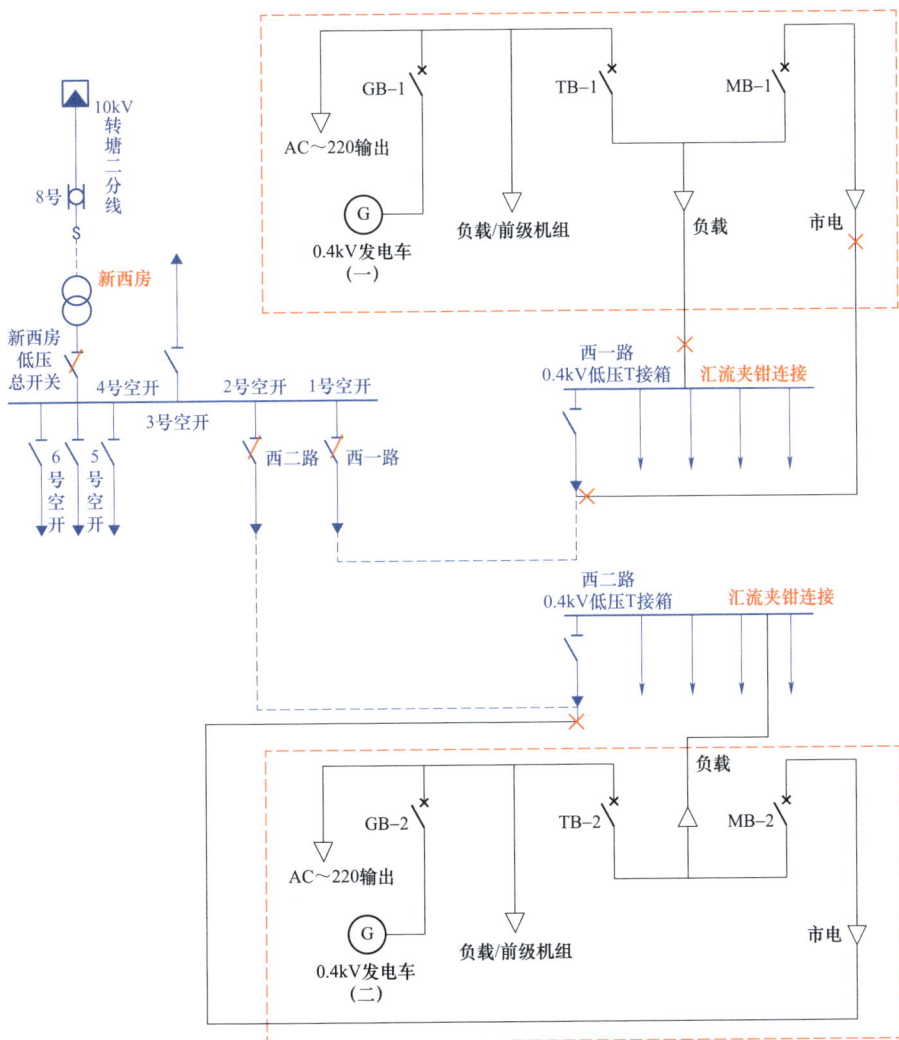

图 5 – 24   第二次并网后发电车退出保供电接线示意图

5.4.4 不停电作业实施成效

利用 0.4kV 发电车同期并网功能不停电更换变压器，在供电电源切换至低压分支箱负载时完全不停电，实现不停电更换变压器时末端用户的"零感知"。

项目成效：① 响应双碳绿色号召，通过小型低压发电车并机并网，以低压 T 接箱为保电接入单元，实现城市小巷、小区内部等大型保供电车辆无法进驻时不停电更换高能耗变压器、美式箱变等老旧配电设备；② 关注民生重点工程，防内涝，通过小型低压发电车并机并网，延申保障地下隐患配电站房不停电迁改。

5.4.5 方案注意点

（1）发令及操作环节。由于涉及低压发电车车辆多，两次并网作业操作步骤较多，操作人员操作前须对整个作业过程熟练掌握，同时建议操作人员不离开现场，以便能随时掌握现场设备状态。

（2）关键步骤核相。

1）第一次并网时：接线时需检查确保负载进线侧与发电车输出相序一致（TB－1、TB－2 开关两侧）；按"并网模块－市电供电开关 MB 合闸键"前应核对开关两侧相位一致。

2）第二次并网时：核对核对"市电供电开关－MB－1""市电供电开关－MB－2"两侧相序一致后按两台发电车"并网模块－市电供电开关 MB 合闸键"。

（3）现场指挥。作业现场因为涉及的步骤和人员较多，须设立一名现场总指挥来协调现场各项工作的开展。现场总指挥须熟练掌握电缆线路旁路作业整个过程中的各个环节，能及时发现作业过程中可能出现的安全隐患，能及时解决作业过程中可能出现的问题。

（4）异常情况处置原则。

1）若发电车所供线路（负荷侧）发生短路或单相接地，导致发电车断路器跳闸，现场工作负责人应立即发电车停机，并汇报设备运维单位对故障线路查找处理。当故障处理结束后，若变压器更换工作还没结束，继续由发电车给负荷侧供电。

2）第二次并网时，若发电车断路器跳闸，则发电车退出运行，合上西一路、西二路低压空开，由市电给负荷侧供电。

3）发电机异常，立即停机并汇报设备运维单位，发电机退出运行。

▶ 5.5　移动储能车不停电保供电 ◀

5.5.1　实施背景

某供电公司 10kV 蛟池 R178 线鸠坑支线 11～24 号杆需要进行综合检修，系统单线图如图 5-25 所示，10kV 蛟池 R178 线为辐射型线路，后段负荷无法通过其他线路进行转供。

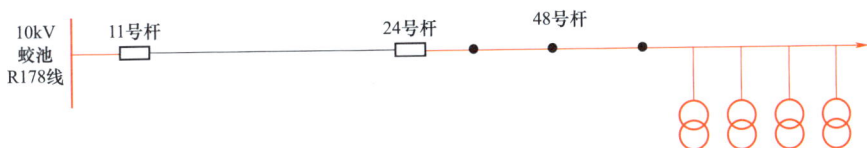

图 5-25　10kV 蛟池 R178 线鸠坑支线系统单线图

5.5.2　不停电作业方案确定

经过现场勘查，10kV 蛟池 R178 线鸠坑支线 24 号杆至 48 号杆之间无用户，后段用户主要集中在 10kV 蛟池 R178 线鸠坑支线 49 号杆之后，且线路进入山区，线路负载率较低，大型车辆无法驶入，只有 10kV 蛟池 R178 线鸠坑支线 48 号杆具备车辆停放条件。由于街道对面为小学，且临近医院，考虑噪声影响及不间断供电需求，采用移动储能智慧电源车通过升压舱 T 接至 10kV 线路进行供电，见图 5-26。

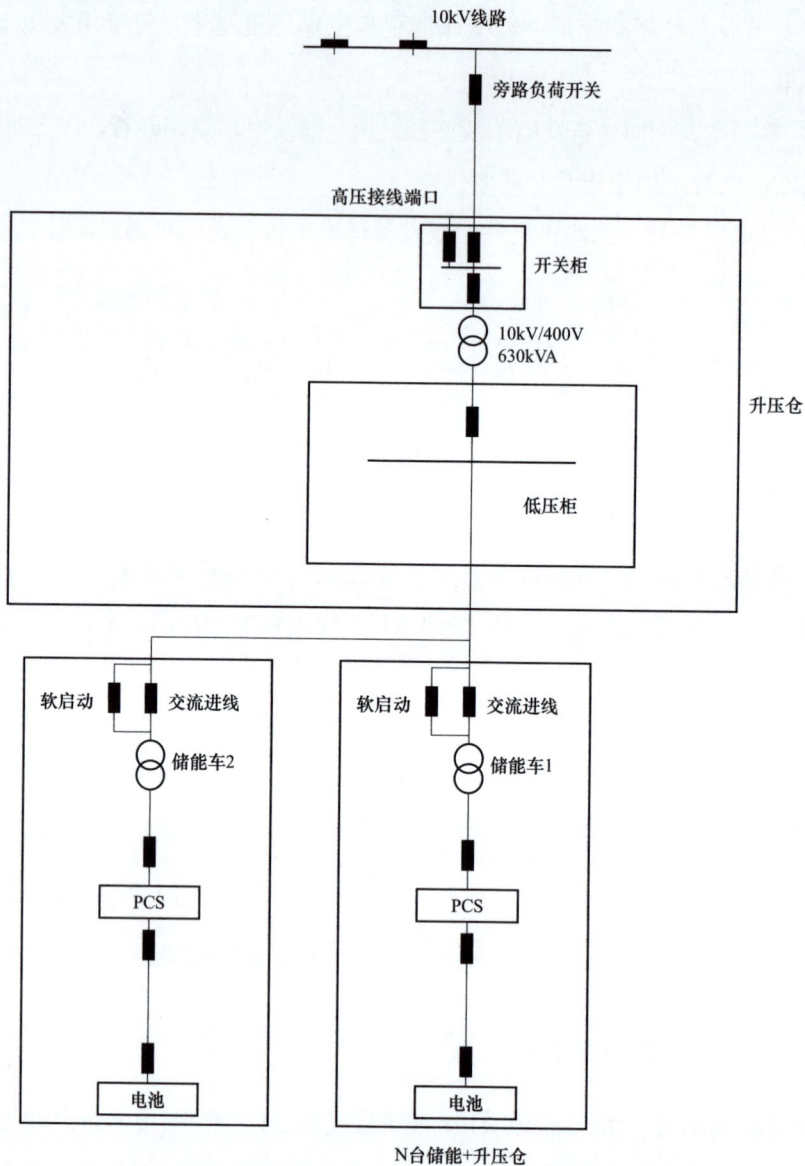

图 5-26　移动储能智慧电源车高压保电接入示意图

5.5.3　不停电作业方案实施

10kV 蛟池 R178 线鸠坑支线不停电作业方案示意图见图 5-27。

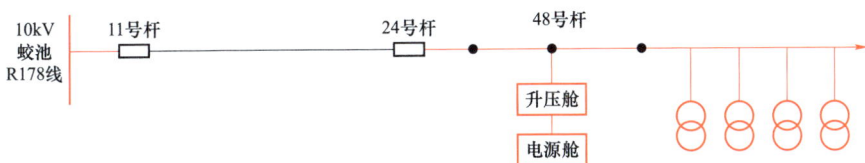

图 5-27　10kV 蛟池 R178 线鸠坑支线不停电作业方案示意图

（1）采用带电作业将移动储能智慧电源在检修后段方便带电作业接入电杆处搭接。

（2）将移动储能智慧电源处于虚拟同步并网状态。

（3）拉开 10kV 蛟池 R178 线鸠坑支线 11 号、24 号开关检修段停电，移动智慧电源自动切入离网放电状态，后端由移动储能供电。

（4）检修完成后合上 10kV 蛟池 R178 线鸠坑支线 11 号杆开关，11~24 号杆线路恢复电网供电。

（5）微调移动储能装置频率、电压，同期合上 24 号杆开关，全线复役。

5.5.4　不停电作业实施成效

整个检修过程，确保了 24 号杆后段用户用电"零闪动"，且对环境和噪声的污染小、并离网灵活稳定，用户完全不间断供电，提升配电网末端用户感知度，有效提升了供电可靠性。在重大政治活动、重要会议及城市配电网重要用户保电等场景，采用移动储能智慧电源车作为备用电源，类似"电力充电宝"，在市电正常供电时，市电向智慧电源车正向充电，在市电断供时，电源车无缝切换至放电状态，真正实现用户"零感知""零噪声"。

5.5.5　方案注意点

（1）检修完成后，移动储能智慧电源车由放电状态改充电状态，应进行二次并网前的频率微调整，确保切换正常。

（2）当线路负荷较大时，移动储能智慧电源车应采取多台并列进行供电。

第6章

不停电作业新技术应用

» 6.1 高海拔带电作业 «

6.1.1 应用背景

　　带电作业是目前线路运维检修中主要采用的方式，可有效减小停电时间，提高供电可靠性。目前在低海拔地区，带电作业已普遍开展，但随着我国电网工程的不断建设，许多已建和在建的线路都经过高海拔地区。以青藏联网工程为例，很多线路途经地区的海拔都超过 3000m，有些线路海拔甚至高于 5000m。对于高海拔地区的线路，随着海拔的增加，空气密度下降，使得同等距离下的空气间隙放电电压要明显低于低海拔地区，带电作业安全距离增加。为保证高海拔地区带电作业工作顺利开展，需要研究高海拔地区空气带电作业间隙放电特性，并选用合适的放电电压校正方法，进而确定高海拔地区带电作业所需的最小安全距离。在海拔对电力系统外绝缘放电特性的影响方面，国内外均进行了大量的试验研究。

6.1.2 高海拔地区实践

　　10kV 配电网带电作业间隙距离与放电电压的试验研究非常少，尤其在高海拔地区的相关研究几乎空白。通过开展高海拔地区 10kV 配电线路带电作业间隙距离的试验研究，找到其优化的技术参数和校核方法；通过在高海拔地区建立 10kV 配电线路带电作业所需的电气试验模型，开展工频过电压试验，结合线性回归等理论计算分析方法，确定间隙为 0.1～0.6m 时不同海拔条件下工频放电电压 $U_{50\%}$ 的拟合公式及拟合曲线，并采用安全裕度、危险率及其变化趋势等多种方法对试验结果进行计算和分析；优化带电作业所需间隙距离校核方式，突破采用"海拔修正系数"传统方法指导作业带来的局限，拓展高海拔地区电网企业提高供电可靠性的途径，为满足客户不停电需求和高海拔地区相关工程设计提供了技术支持，具有显著的工程实用价值和发展前景。

在 1900、3200m 高海拔地区开展 10kV 带电作业所需间隙、绝缘有效长度等的过电压电气试验，取得相关试验参数；在模拟气候实验室，分别在 1900、3200、4000m 等高海拔环境下开展 10kV 线路带电作业所需间隙、绝缘有效长度等的过电压电气试验，取得相关试验参数；通过对比分析上述内容相关试验数据，并结合安全裕度分析，明确高海拔地区开展 10kV 线路带电作业安全距离等技术参数；通过模拟试验获取高海拔下开断容性电流试验，结合试验结论计算分析，明确带电断接电容电流参数值；模拟试验获取高海拔下开断旁路工况下负荷电流试验，结合试验结论计算分析，明确带电断接旁路工况下负荷电流参数值，最终提出高海拔地区开展 35kV 及以下线路带电作业安全技术参数。

由于不同电压范围内对绝缘水平起控制作用的电压不同，且 3～220kV 设备的绝缘在典型操作冲击下的击穿电压总是比工频电压的峰值高，故从带电作业的安全性考虑，开展工频过电压试验，并将其试验结果作为确定带电作业相关技术参数绝缘配合的依据。为确定海拔对试验结果的影响，在不同海拔高度进行过电压试验，其测量系统的误差小于 3%。

在 10kV 线路上开展带电作业时涉及的空气间隙为相地间隙和相间间隙两种，其电场形式为不均匀电场。依据对称电场参照棒—棒电极，不对称电场参照棒—板电极原则，选择棒－板电极模型进行间隙的工频过电压放电试验，按其试验结果进行绝缘配合。其试验模型的布置见图 6－1 和图 6－2。

不同试验方法对空气间隙交流放电特性会产生不同的结果。按以往试验数据分析，间隙越小，其连续升压法得到的平均闪络电压越大，基于作业安全的考虑，开展试验时采用标准推荐的连续升压法求取工频放电电压 $U_{50\%}$。

试验表明同等条件下棒—板水平间隙的 $U_{50\%}$ 较低，故选择其试验数据进行分析计算，其相应试验数据修正到标准大气条件下的结果见表 6－1 和表 6－2 所示。

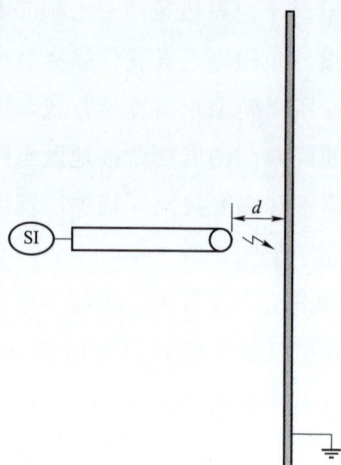

图 6-1　棒—板水平间隙试验模型

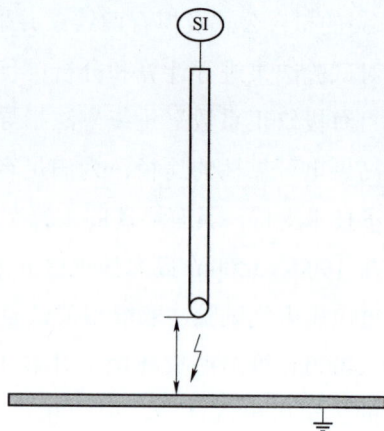

图 6-2　棒—板竖直间隙试验模型

表 6-1　　　　　　　海拔 3200m 工频放电试验数据（有效值）

间隙距离（m）	0.1	0.2	0.3	0.4	0.5	0.6
U_{50RP}（kV）	46.0	70.5	89.6	108.9	128	150.6

表 6-2　　　　　　　海拔 2100m 工频放电试验数据（有效值）

间隙距离（m）	0.1	0.2	0.3	0.4	0.5	0.6
U_{50RP}（kV）	41.1	67.0	84.1	96.3	119.5	130.6

　　通过线性回归等分析，间隙为 0.1~0.6m，海拔 2100、3200m 的拟合公式分别为

$$U_{50RP1} = 204.2d + 27.19$$
$$U_{50RP2} = 176.5d + 28.00$$

式中　　U_{50RP1}、U_{50RP2}——棒—板间隙在海拔 2100、3200m 时工频放电电压 $U_{50\%}$ 的有效值，kV；

　　　　　　　d——棒—板间水平间隙距离，m。

　　海拔 4000m 工频放电海拔修正数据见表 6-3。通过线性回归等分析，间隙为 0.1~0.6m，海拔 4000m 的拟合公式为

$$U_{50RP3} = 163.4d + 21.75$$

式中　　U_{50RP3}——棒—板间隙在海拔 4000m 时工频放电电压 $U_{50\%}$ 的有效值，kV；

d——棒—板水平间隙距离，m。

表6-3 海拔4000m工频放电海拔修正数据（有效值）

间隙距离（m）	0.1	0.2	0.3	0.4	0.5	0.6
U_{50RP}（kV）	34.8	57.6	69.2	87.7	107.1	115.8

间隙距离与工频放电电压拟合曲线见图6-3。

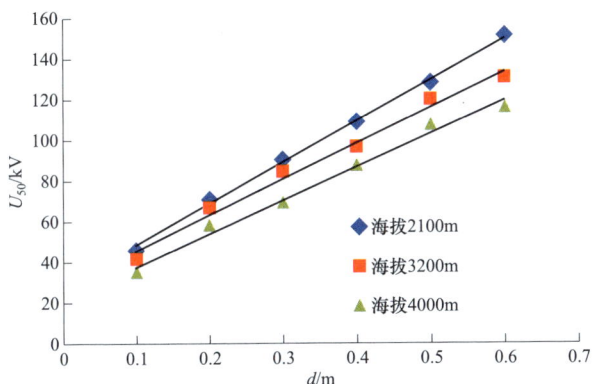

图6-3 棒—板间隙距离与工频放电电压拟合曲线

由于试验时采用的间隙距离不连续、绝缘子型号不同等，若仅按44kV的最大过电压计算电气试验值对应的安全裕度，并以安全裕度大于1.2作为确定最小安全技术参数的依据，将会有很大的弹性。现使用试验所得的 $U_{50\%}$ 与间隙距离等的拟合关系，计算间隙距离等连续变化时对应的安全裕度变化趋势，将安全裕度与间隙距离等之间的关系清晰地体现出来；同时引入危险率进行辅助分析，将危险率小于 1×10^{-5} 且变化趋于平缓时的间隙距离作为确定所需最小间隙距离的辅助条件。综合分析相应间隙距离的安全裕度和危险率值，在同时符合要求的条件下，确定相应的安全间隙距离，提出一种便利、优化的确定配电网带电作业所需间隙距离的方式目前，在各种非自恢复绝缘和220kV及以下自恢复绝缘的绝缘配合中均采用惯用法。惯用法是目前采用最广泛的绝缘配合方法，其基本出发点是使带电作业间隙或工具的最小击穿电压值高于系统可能出现的最大过电压值，并留有一定的安全裕度。一般按照运行经验选取 20%的裕度。不同海拔高度下，棒—板间隙的安全裕度变化趋势见图6-4。

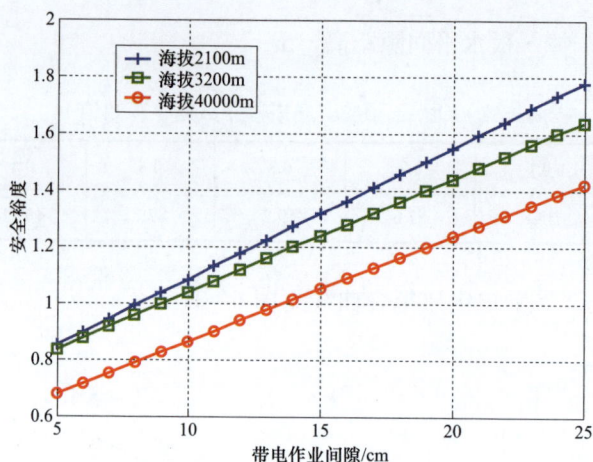

图 6-4 带电作业的安全裕度变化趋势

由图 6-4 可知，当作业人员与带电体、带电体与接地体或绝缘材料的有效绝缘长度大于 0.2m 时，在海拔 4000m 及以下地区开展带电作业时，不同海拔条件下带电作业的安全裕度均大于 1.2 倍，能确保作业的安全开展。

目前，在计算和校核 110kV 及以上交流线路带电作业安全距离等参数时才采用统计法对其进行危险性评估。但由于 10kV 线路相间间隙、相地间隙距离较小，在高海拔地区带电作业时危险性较大，故引入危险率作为确定其安全技术条件的辅助依据，有利于确保作业的安全开展。其在不同海拔高度和间隙距离组合条件下，带电作业危险率变化趋势见图 6-5。由图 6-5 可知，当作业人员

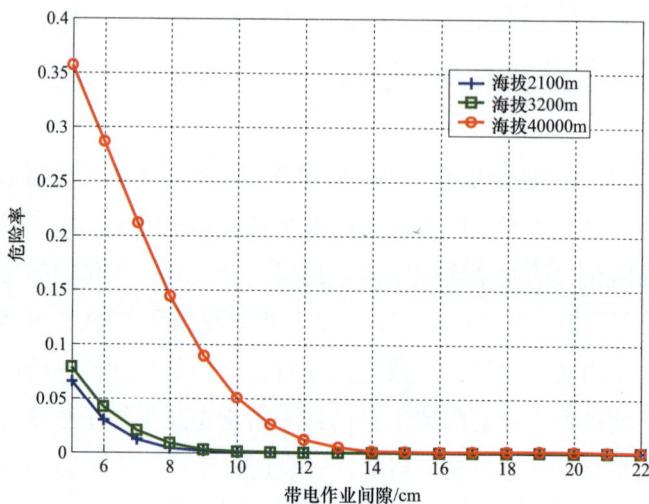

图 6-5 带电作业的危险率

与带电体、带电体与接地体或绝缘材料的有效绝缘长度大于 0.20m 时，在海拔 4000m 及以下地区开展带电作业时，不同海拔条件下的危险率变化曲线趋于一致，带电作业的危险率均小于 1×10^{-5}，能确保作业的安全开展。

在海拔 1000m 以上至 4000m 及以下海拔地区开展作业时，由于 10kV 线路带电体与接地体、带电体与带电体之间间隙距离较小，实际工作中一般通过作业经验控制相关距离，操作过程中不能精确控制，当存在负误差时，安全裕度可能不符合要求，作业存在安全隐患。若将规范确定的海拔 1000m 及以下地区开展 10kV 线路带电作业的技术标准不进行海拔修正而直接应用于高海拔地区开展带电作业，与 4000m 海拔时试验、计算分析所得带电作业技术要求相比大 2～3 倍，在存在一定负误差的情况下，也能保障作业的安全开展。由于规范确定的技术标准已应用多年，相关人员已熟练掌握，故仅需按上述试验、计算分析所得结果，明确在高海拔（4000m 及以下）地区开展 10kV 带电作业时，不必按海拔的变化对海拔 1000m 及以下地区开展 10kV 线路带电作业的具体标准进行修正，直接应用相关安全技术标准即可，无需对其进一步优化。在该技术参数下，能确保作业安全，提高作业效率，拓展作业的适用范围。

6.2　配电网带电作业机器人应用

随着我国经济和电网建设的飞速发展，经济建设和人民生活对电力的依赖程度越来越高，社会对停电的承受能力越来越差。如何加强日常维护，防患于未然，以及出现问题时及时抢修，成为亟待解决的问题。停电进行日常维护检修是最安全可靠的方式，但对工业和居民生活质量的影响巨大。带电作业是解决这一问题的重要手段之一，在高压电气设备上进行不停电检修、部件更换或测试，一直为世界各国所重视。随着社会经济和科技的发展，生产自动化水平不断提高，机器人在现代生产生活中的地位越来越重要，特别是在一些危险系数高、劳动强度大的领域，替代人类完成危险任务，是机器人技术发展的方向。为了避免人工带电作业中事故的发生，使带电作业更加安全，同时提高作业效率，采用机器人代替人工进行作业已经迫在眉睫，也符合时代发展的要求。目前国内带电作业受多种客观条件的影响，如编制从业人员少、高级技术人员缺乏。高空高压下带电作业人员有很大的安全风险，而且由于需要装备大量的绝缘设备，对作业人员的技能和体力要求较高，限制了大规模开展带电作业任务。机器人的应用可以实现人员效率、安全管理、经济效益方面的提升。

6.2.1　国内外带电作业机器人发展现状

1. 国外带电作业机器人发展现状

日本早在 20 世纪 80 年代开始研究带电作业机器人，日本九州电力公司开发的斗内操作带电作业机器人"Phase I"于 1984 年开始研制，1989 年完成定型设计，一个斗内的操作者通过主从操作进行带电作业。地面操作型机器人"Phase ll"于 1993 年底开发出了四种类型的机器，作业人员可以在地面的作业仓中远程进行配网带电作业。之后又进行了全自动的带电作业机器人"Phase lll"的开发。前后经历了四代机器人的开发和迭代，实现了人在高电位对机械臂主从作业的方式，可以实现电网线路的连接、切断、输送等基础工作。受限于技术成熟度，人员在地电位遥操，未成熟推广。

西班牙也于 20 世纪 90 年代开展带电作业机器人的研制，采用主从机器人遥操作模式，取得了一定的成果。

美国也是开展带电作业机器人研制工作比较早的国家，很多科技公司参与其中，研发了多个系列的机器人系统。比较有代表性的是 PG&E 公司开发的配电带电作业机器人和 Iberdrola 的机器人"ROBTET"，用于完成 49kV 以下电压等级的配电网检修作业，取得了较好效果。机器人主要采用遥操作模式，操作员在地面根据目测和机器臂末端摄像头提供图像，来进行遥操作。近年来带电作业机器臂在美国输配电带电作业中得到越来越广泛应用，即使那些作业间隙距离不满足要求的条件下也可以开展作业。

国外带电作业机器人发展总体上可以分 3 个阶段：

（1）主从控制阶段。机器人末端安装机械臂，通过操作等比例缩小的主手来控制机械臂完成作业任务，类似于操作挖掘机。

（2）半自主控制研究阶段。操作人员在地面，使用遥控终端来操作机器人完成作业任务。

（3）全自主控制研究阶段。引入多传感器融合感知与场景重建、机器视/力觉伺服控制等最新技术手段，使机器人可以自主规划、决策并完成带电作业任务。

2. 国内带电作业机器人发展现状

山东电力研究院在国家电力公司科研项目支持下，于 1999 年山东电力研究院与山东鲁能学习日本机器人的成果经验，先后研制了三代机器人样机（见图 6−6）。2018 年，国网天津电力与国电南瑞共同开展配网带电作业机器人研发，取得了开拓性的成果。2019 年，机器人首次在 10kV 带电线路完成穿刺线夹实际线路带电测试。

(a) 第一代机器人　　(b) 第二代机器人

(c) 第三代机器人

图 6−6　鲁能智能带电机器人

经过多年的行业探索和技术积累，带电作业机器人已具备了初步的产业化条件。目前配电网带电作业机器人从最初的人机协同机器人逐步向全自主、人机共融型机器人迭代，配电网带电作业机器人在能够开展带电断引线、带电接引线、安装相色牌、安装驱鸟器四项工作基础上，新增带电修剪树枝、带电加装接地环、带电加装故障指示器等三项作业范围，通过 5G、人工智能、3D 建模等技术，实现机器人自主定位、安全预警、语音控制、远程 OTA 升级等一系列功能。带电接引线作业时间从原先 90min 压缩至 35min，带电断引线（平均时长 20min）、安装接地环（平均时长 30min）、安装驱鸟器（平均时长 5min）、安装相色牌（平均时长 10min）、修剪树枝（平均时长 5min）、带负荷开断跳线（平均时长 10min）、加装故障指示器（平均时长 10min）等功能作业时间也控制在合理范围内。

6.2.2 实践案例

以带电接引流线为例，对带电作业机器人应用进行介绍。

1. 工程概况

某供电公司因客户用电业务申请，需要对用户线路中 10kV 熔断器上引线与架空线路主线进行连接。

2. 施工方案

使用带电作业机器人作业，通过绝缘杆法带电接引流线。

3. 现场施工

（1）接线场景要求。

1）顺接场景。

a. 主线、支线周围 2m 范围内，不应有树木遮挡，否则会影响机器人 3D 激光建模。

b. 如果使用并沟线夹，支线末端应剥开 12～13cm；如果使用 J 线夹型，支线末端应剥开 9cm。

c. 支线在未受力的情况下应尽量直，连接跌落式熔断器宜向斜上方伸出，且末端必须直，不应存在弯曲，如图 6-7 所示。

2）垂直场景。以主线三角排列、支线垂直主线的单回线路，主线和支线采用 1.5m 主流横担为例，如图 6-8 所示。图 6-8 中相关参数说明见表 6-4。

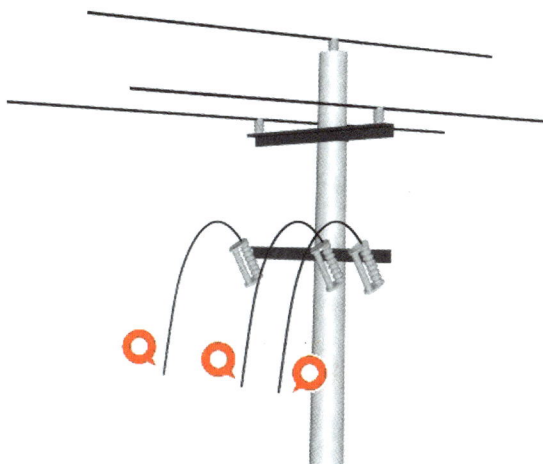

图 6-7　顺线路接引线装置示意图

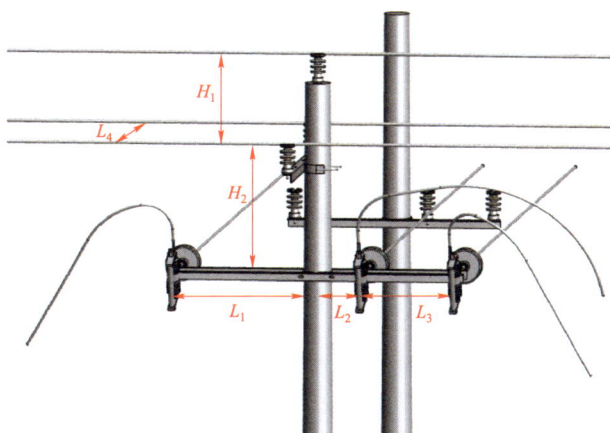

图 6-8　垂直线路接引线装置示意图

表 6-4　　　　　　　　　　　参　数　说　明

距离	说明	规格
H_1	三角排列主线，中相和边相距离	$0 < H_1 < 100\text{cm}$
H_2	边相和支线横担垂直距离	$120\text{cm} \geq H_2 \geq 70\text{cm}$
L_1	远相绝缘子距离线杆距离	$L_1 = 70\text{cm}$
L_2	中相支线距离线杆距离	$L_2 \geq 30\text{cm}$
L_3	近相支线距离线杆距离	$L_3 \geq 40\text{cm}$
L_4	主线远相和近相距离	$L_4 = 150\text{cm}$

在支线垂直主线场景的作业中，请注意以下几点：

a. 中相的引线搭在近相引线上，方便作业时抓取中相支线，见图6-9。

图6-9 中相的引线搭在近相引线上示意图

b. 引线尽量与主线朝向一致。中相和近相引线的朝向要和远相引线朝向相反，引线末端应保持笔直，如图6-10所示。

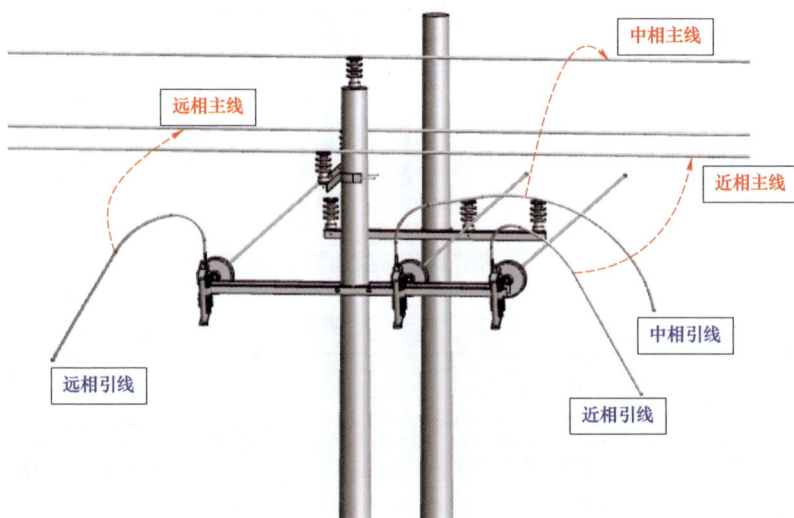

图6-10 中相和近相引线的朝向示意图

（2）登录终端界面。

步骤1 打开控制终端平板，点击 🔲 进入带电作业机器人控制系统。

步骤2 选择用户名，输入密码，点击登录。系统跳转到作业数据录入界面，见图6-11。

表6-11 带电作业机器人控制系统登录界面

步骤3 根据实际情况填写正确的作业信息，点击"下一步"，见图6-12。

图6-12 作业信息录入界面

（3）选择作业场景。

步骤1 选择工作类别为"接线"，点击"下一步"。系统跳转到场景选择界面，见图6-13。

图 6-13 工作类别选择界面

步骤 2 选择作业场景参数，点击"确认"按钮，见图 6-14。

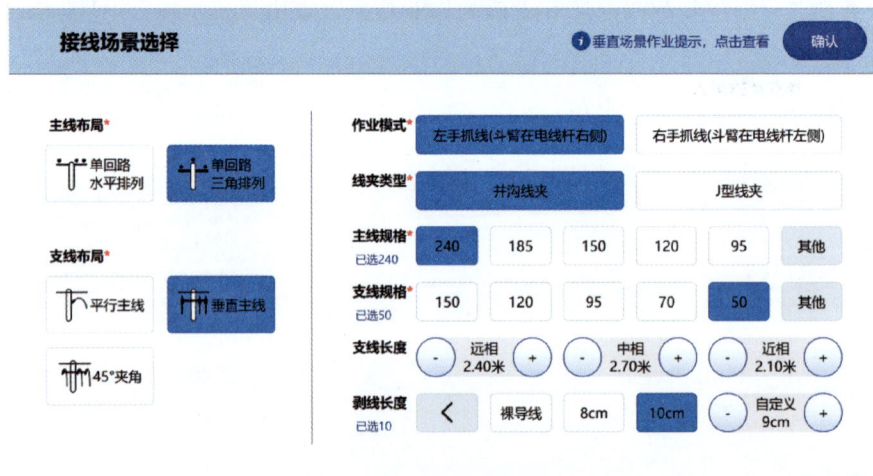

图 6-14 作业场景参数选择界面

步骤 3 根据界面提示，检查工具摆放是否正确，单击"下一步"。

步骤 4 系统自动检查预设的检查项。等待大约 5s 左右，系统显示自检结果，见图 6-15。

图 6-15　系统自检完成显示界面

步骤 5　点击"下一步"，跳转到停车点标定界面。

（4）停车点标定。

步骤 1　作业人员勘察作业环境，将绝缘斗臂车停在合适的作业位置。

步骤 2　检查机器人斗臂是否处于界面提示的位置上。

步骤 3　确认位置正确后，点击"标定"，系统记录斗臂车原点信息。

（5）位姿建模。

步骤 1　检查机械臂初始位置。如果手臂处于装箱位置时，先点击"手臂回工具"，再点击"手臂回建模位"，使双臂回到机器人两侧，见图 6-16。

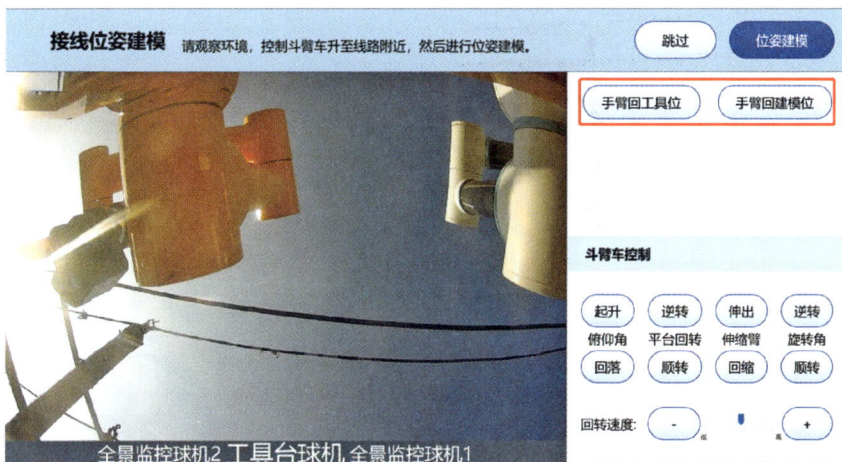

图 6-16　检查机械臂初始位置界面

步骤2　将机器人上升至可以位姿建模的位置，点击"位姿建模"，见图6-17。

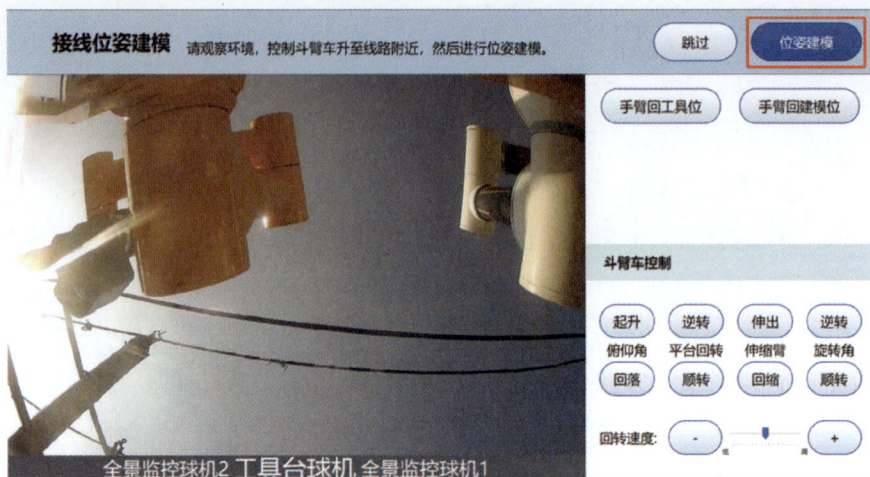

图6-17　位姿建模选择界面

系统完成三相位姿建模后，出现点云模型和"选点"按钮，见图6-18。

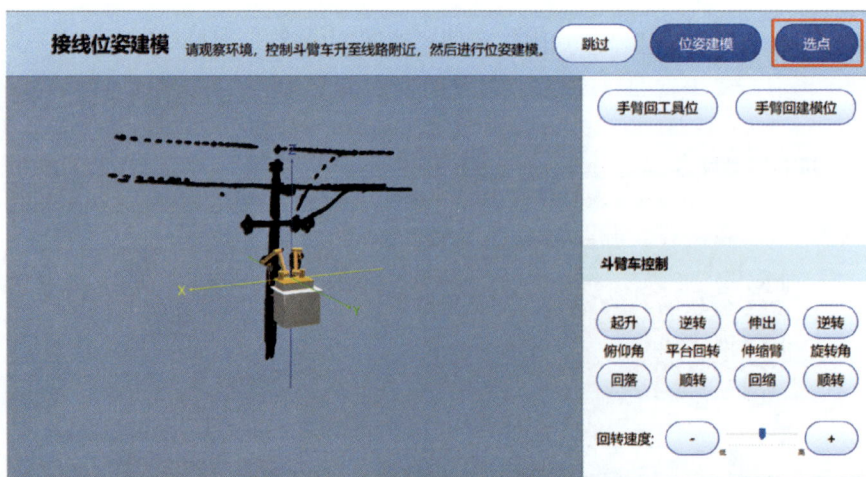

图6-18　"选点"按钮确认界面

步骤3　点击"选点"。系统跳转到位姿建模选点界面，显示自动选点结果，见图6-19。

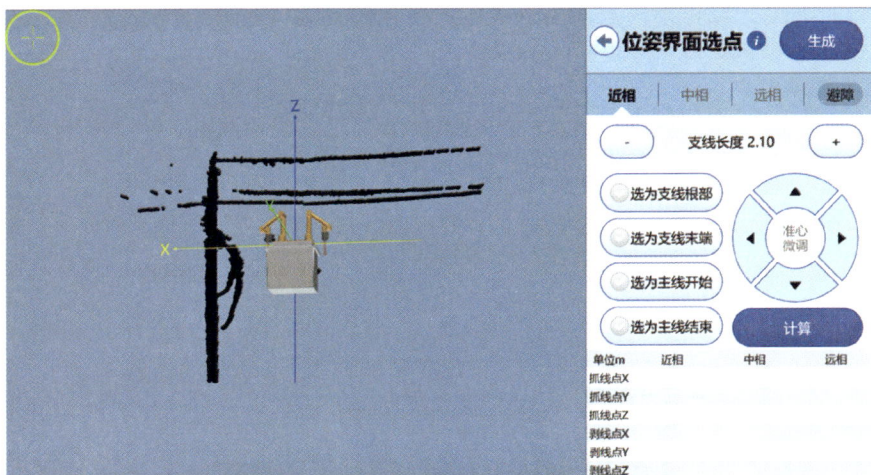

图6-19　位姿建模选点生成确认界面

步骤4　判断每一相线路中系统选的四个作业点是否正确，见图6-20。

1）选点正确，则点击"计算"，获取作业点位数据。

2）选点不正确，则取消线路的选点，在点云模型上重新手动选点，再点击"计算"，获取作业点位数据。

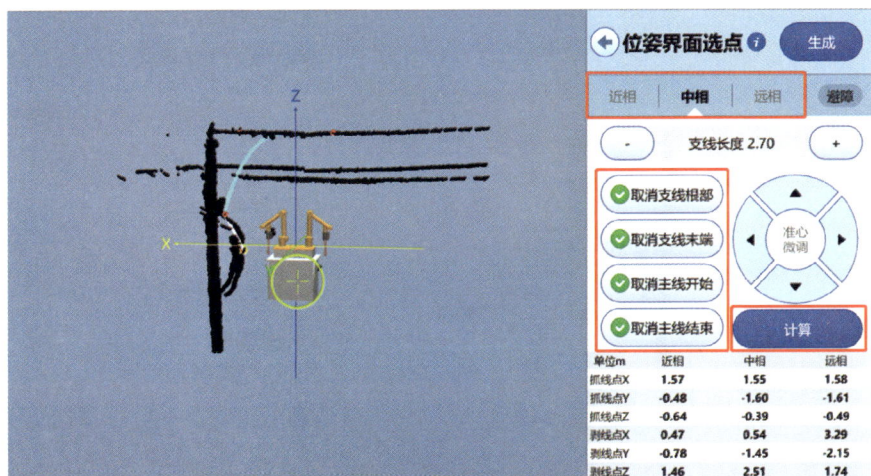

图6-20　获取作业点位数据界面

步骤 5 确认自动点云分割计算出来的三相作业数据是否正确。

1）如果计算正确，点击"生成"，会弹出提示框，显示是否继续生成位姿数据。

2）如果继续，点击"是"按钮，显示位姿计算成功，见图 6-21。

3）点击"确认"，系统跳转到任务作业界面，见图 6-22。

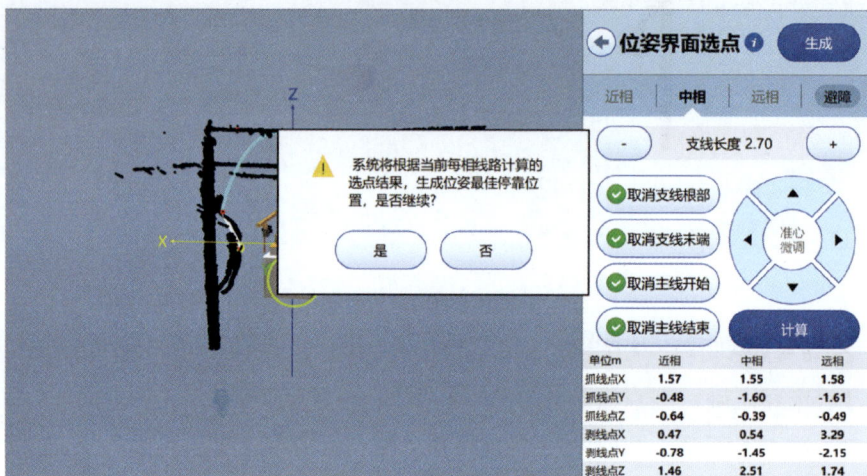

图 6-21 位姿最佳停靠位置确认界面

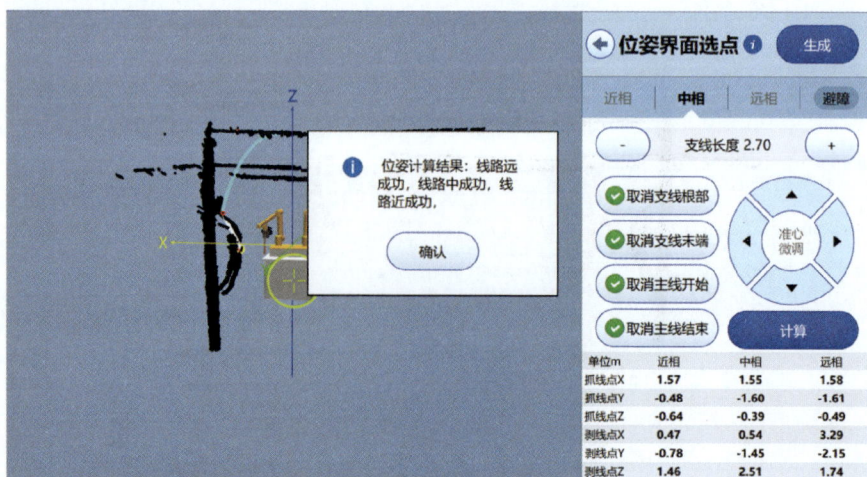

图 6-22 位姿最佳停靠位置确认后界面

（6）单相位姿调整。

步骤 1　选择"中相"作业线路，点击"位姿调整"。系统跳转到位姿调整界面，见图 6-23。

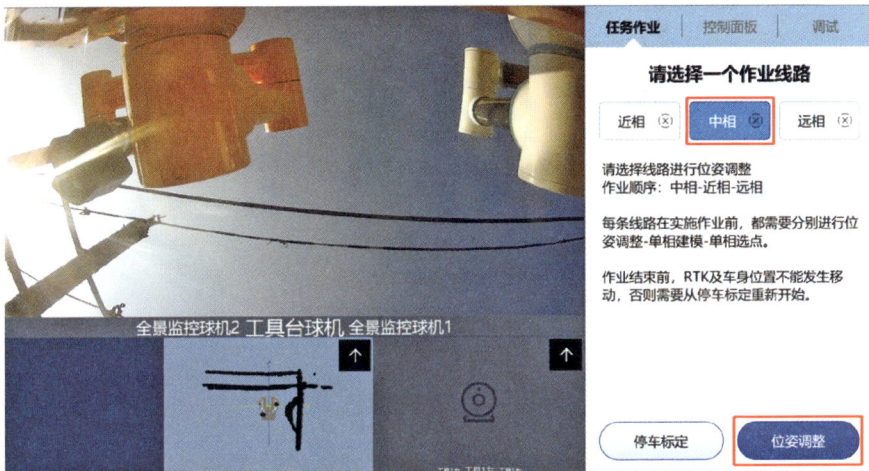

图 6-23　位姿调整界面

步骤 2　调整绝缘斗到界面中红框位置，见图 6-24。

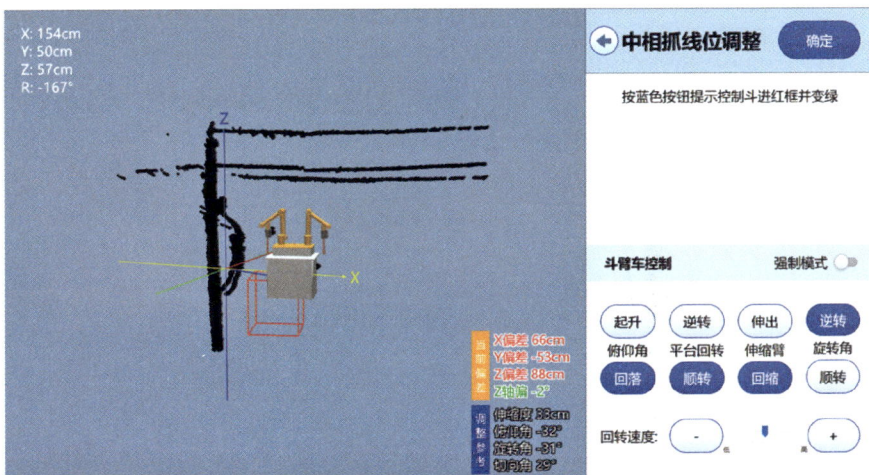

图 6-24　绝缘斗调整界面

步骤 3　点击"确定"，跳转到位姿建模界面，见图 6-25。

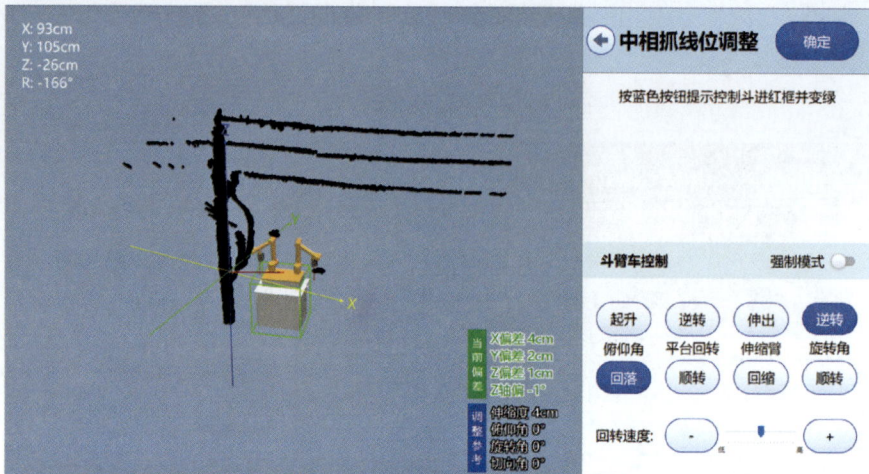

图6-25　绝缘斗调整成功界面

（7）单相位姿建模

步骤1　点击"单相建模"，跳转到单相建模界面。当单相建模完成时，界面的"选点"按钮点亮，见图6-26。

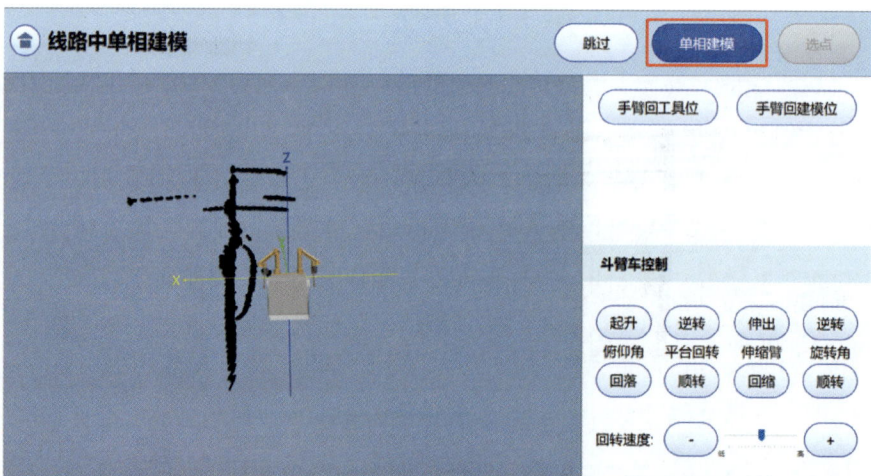

图6-26　单相建模按钮选择界面

步骤2　点击"选点"，跳转到单相建模选点界面，见图6-27。

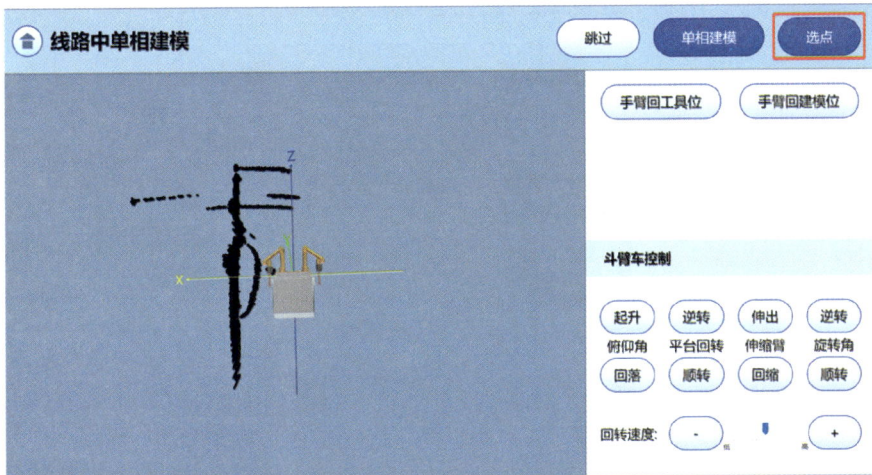

图 6-27　单相建模选点界面

步骤 3　判断中相线路系统选的四个作业点是否正确，见图 6-28。

● 选点正确，则点击"计算"，获取作业点位数据。

● 选点不正确，则手动选点，再点击"计算"，获取作业点位数据。

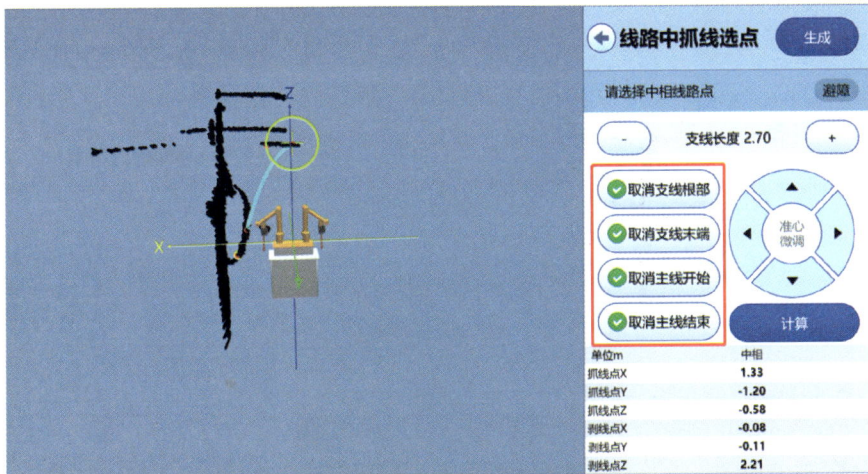

图 6-28　中相线路系统选点信息确认界面

步骤 4　点击"生成"，完成单相建模，跳转到任务作业界面。

（8）单相作业流程。

1）开始任务。点击"开始任务"按钮，开始执行任务流程，见图 6-29。

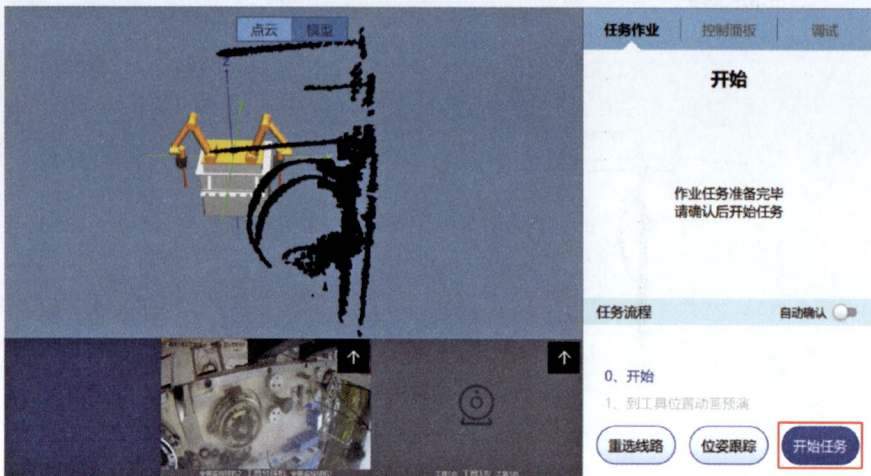

图6-29 开始任务按钮选择界面

2）抓线流程。

步骤1 执行到工具位置动画预演任务。通过界面观察机器人运动轨迹，确认动作安全无误后，点击"确认"，见图6-30。

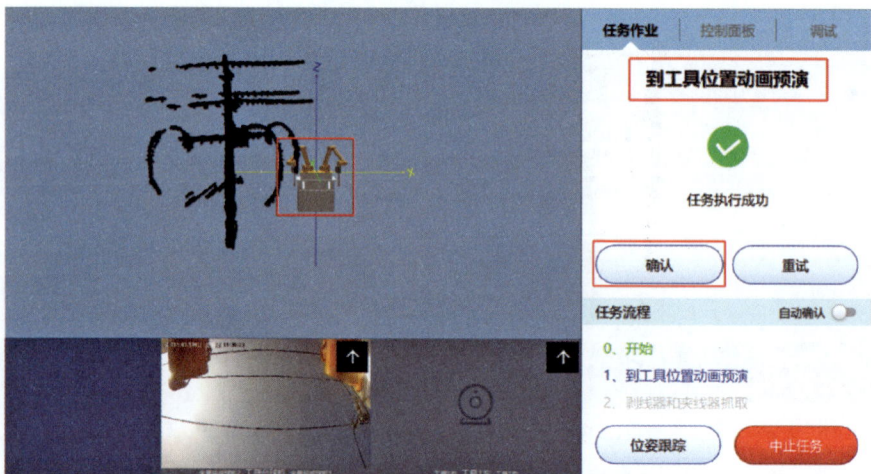

图6-30 工具位置动画预演任务界面

步骤2 执行剥线器和夹线器抓取任务。双臂从安全位置移动到工具台上方，取出剥线器和螺旋夹线器，确认工具成功抓取后，点击"确认"，见图6-31。

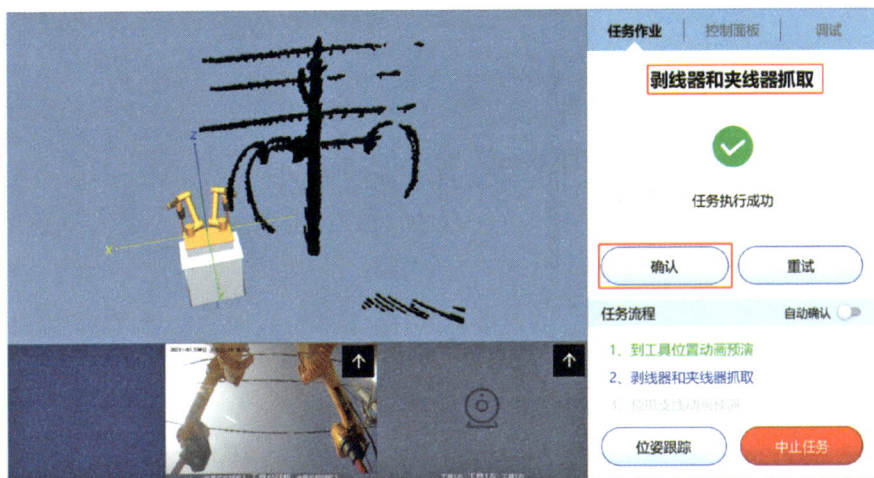

图 6-31　剥线器和夹线器抓取任务界面

　　步骤 3　执行预抓支线动画预演任务。通过界面观察机器人运动轨迹，确认动作安全无误后，点击"确认"，见图 6-32。

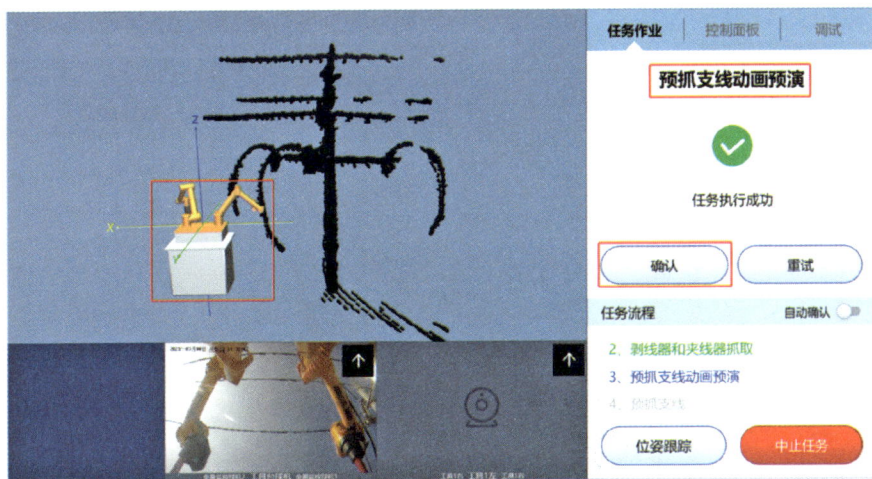

图 6-32　预抓支线动画预演任务界面

　　步骤 4　执行预抓支线任务。左臂进行螺旋夹线器位置标定，左臂移动到支线下方，右臂移动到合适位置便于局部建模。确认动作执行到位后，点击"确认"，见图 6-33。

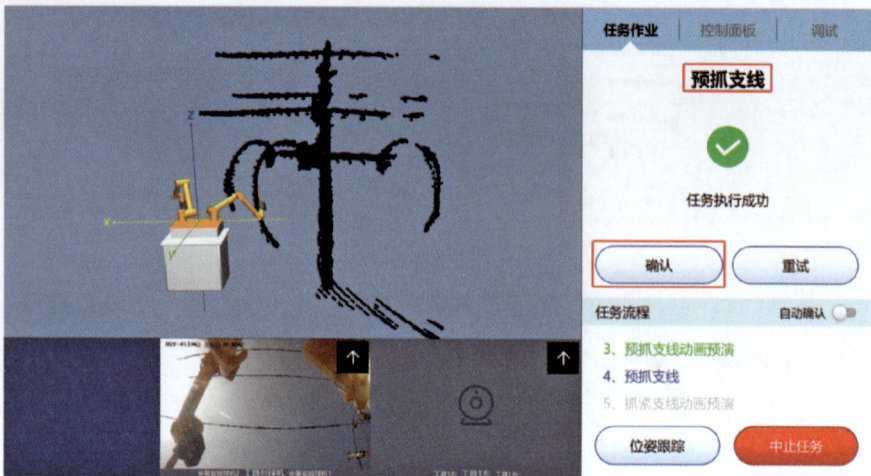

图 6-33　预抓支线任务界面

步骤 5　执行抓紧支线动画预演任务。通过界面观察机器人运动轨迹，确认动作安全无误后，点击"确认"，见图 6-34。

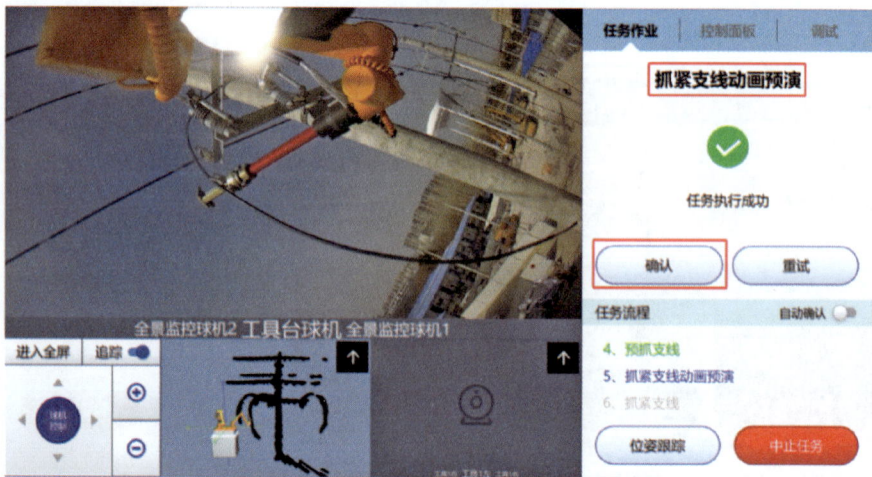

图 6-34　抓紧支线动画预演任务界面

步骤 6　执行抓紧支线任务。左臂往上抬抓住支线，螺旋夹线器开始预收紧，防止举线时支线滑落。确认支线成功抓紧后，点击"确认"，见图 6-35。

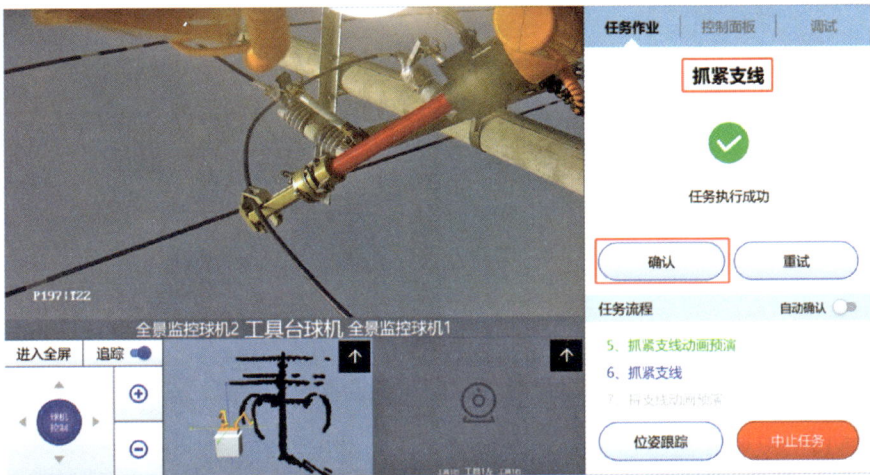

图 6-35　执行抓紧支线任务界面

步骤 7　执行捋支线动画预演任务。通过界面观察机器人运动轨迹，确认动作安全无误后，点击"确认"，见图 6-36。

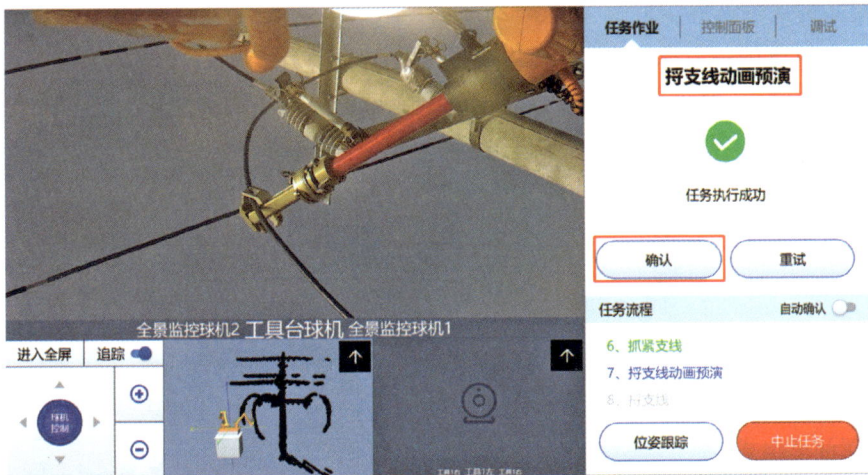

图 6-36　执行捋支线动画预演任务界面

步骤 8　执行捋支线任务。左臂捋支线，并将支线移动到主线下方稍低的位置，确认动作执行到位后，点击"确认"，见图 6-37。

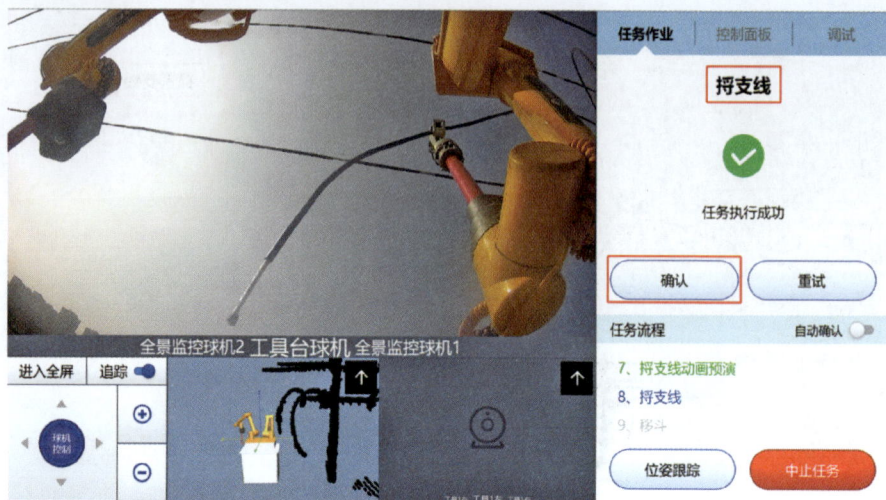

图 6-37　执行捋支线任务界面

步骤 9　执行移斗任务。根据界面指示，调整机器人斗臂到目标位置，将机器人移动到中相作业位置。确认动作执行到位后，点击"确认"，见图 6-38 和图 6-39。

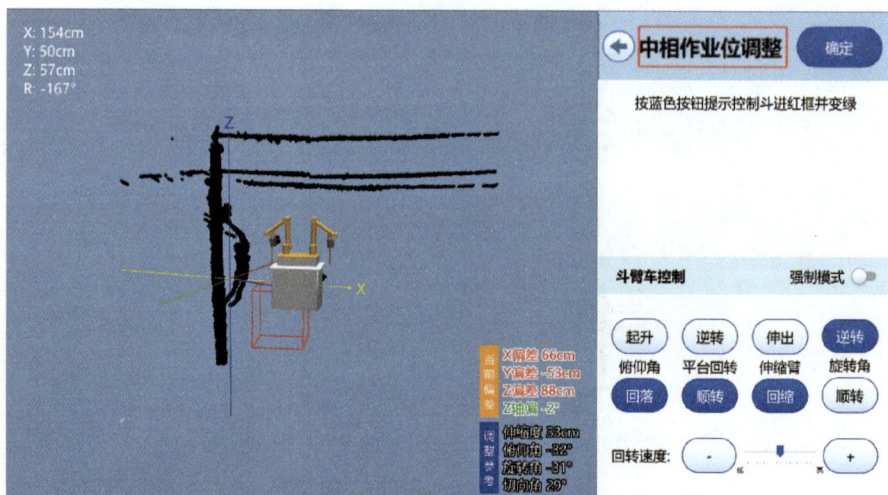

图 6-38　执行移斗任务选择界面

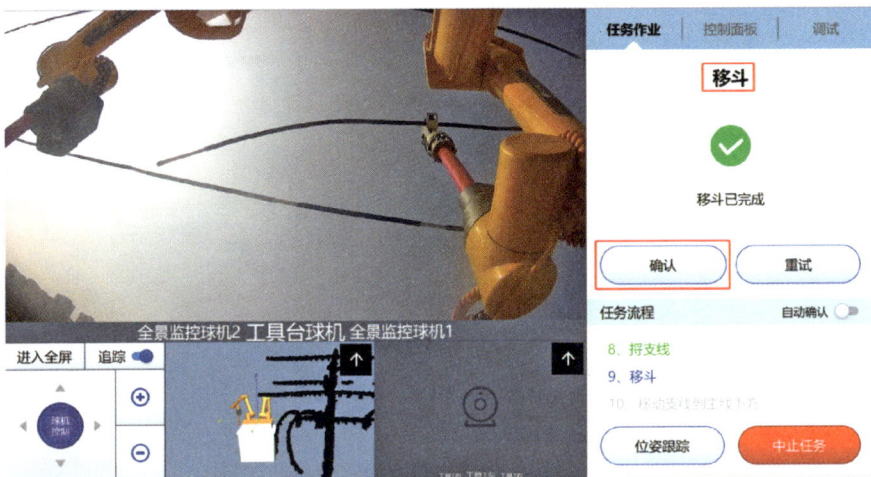

图 6-39　执行移斗任务界面

3）剥线流程。

步骤 1　执行移动支线到主线下方任务。左臂抓起支线右移，移动到主线下方 30cm 处，确认执行动作到位后，点击"确认"，见图 6-40。

图 6-40　执行移动支线到主线下方任务界面

步骤 2　执行支线靠近主线任务。右臂移动到左臂下方，通过面阵激光进行局部环境建模获取支线数据。左臂抓住支线，并上移至主线下方 5cm 处，确认动作执行到位后，点击"确认"，见图 6-41。

图 6−41　支线靠近主线任务界面

步骤 3　执行计算剥线点位置任务。左臂拉动支线，拉到支线变成受力状态，系统推算出剥线点位置，任务流程显示成功后，点击"确认"，见图 6−42。

图 6−42　计算剥线点位置任务界面

步骤 4　执行挪开支线任务。左臂松开支线，右臂右移避开支线，左臂左移将支线从主线下方挪开，确认动作执行到位后，点击"确认"，见图 6−43。

图6-43 挪开支线任务界面

步骤5 执行精确计算主线位置任务。左臂松开支线移动到一边，右臂抬高扫描计算主线数据，获取精准的剥线点位置，任务流程显示成功后，点击"确认"，见图6-44。

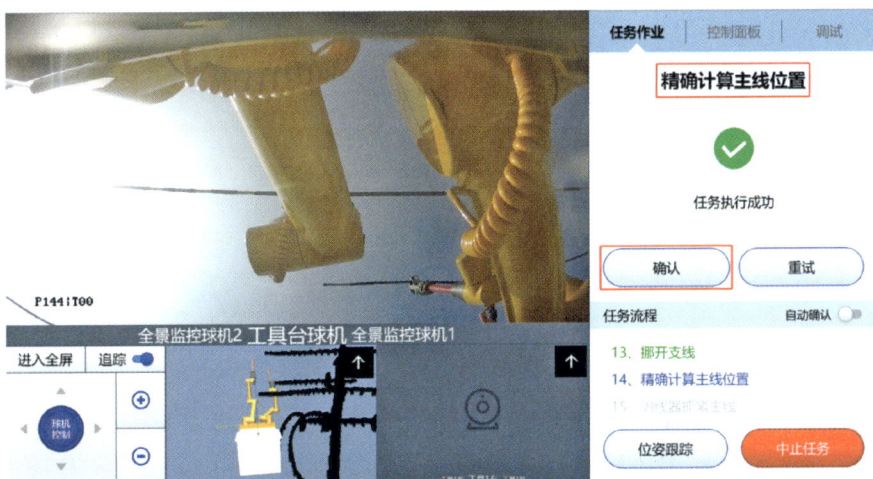

图6-44 精确计算主线位置任务界面

步骤6 执行剥线器抓紧主线任务。准备剥线，右臂移动到主线附近，剥线器张开后，移动扣紧主线，确认动作执行到位后，点击"确认"，见图6-45。

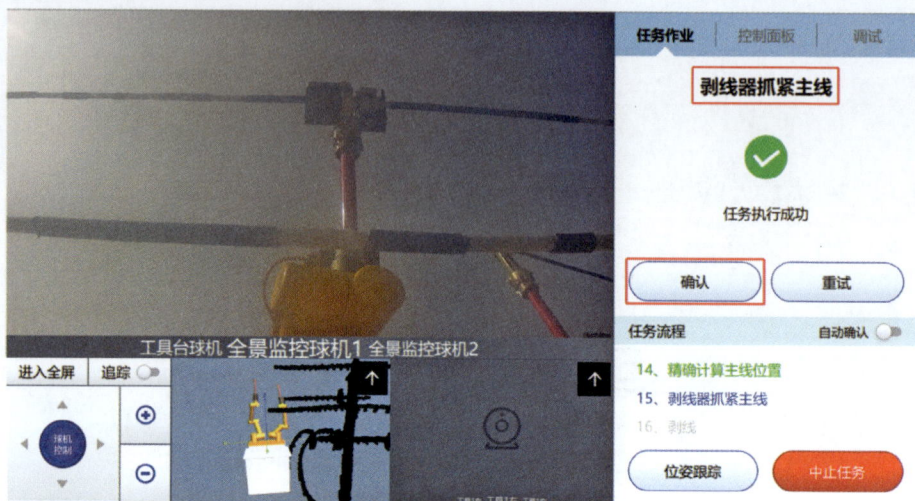

图6-45　剥线器抓紧主线任务界面

步骤7　执行剥线任务。右臂开始剥线，剥线器旋转剥线皮12～15cn主线后停止，剥线器夹线块松开主线。确认动作执行到位后，点击"确认"，见图6-46。

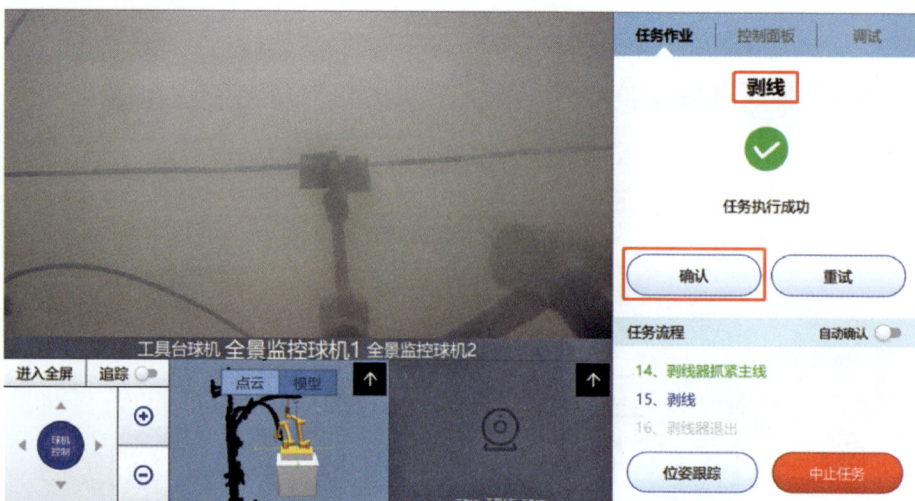

图6-46　执行剥线任务界面

步骤8　执行剥线器退出任务。剥线器反转张开，右臂移动使剥线器退出主线。确认动作执行到位后，点击"确认"，见图6-47。

图 6-47　执行剥线器退出任务界面

步骤 9　执行放回剥线器动画预演任务。通过界面观察机器人运动轨迹，确认动作安全无误后，点击"确认"，见图 6-48。

图 6-48　执行放回剥线器动画预演任务界面

步骤 10　执行放回剥线器任务。右臂移动到工具台上方，并将剥线器放回工具台。确认动作执行到位后，点击"确认"，见图 6-49。

图 6-49　执行放回剥线器任务界面

4）穿线流程。

步骤 1　执行取接线线夹任务。右臂移动到工具台上方，从工具台取出接线线夹，确认动作执行到位后，点击"确认"，见图 6-50。

图 6-50　执行取接线线夹任务界面

步骤 2　执行准备穿线动画预演任务。通过界面观察机器人运动轨迹，确认动作安全无误后，点击"确认"，见图 6-51。

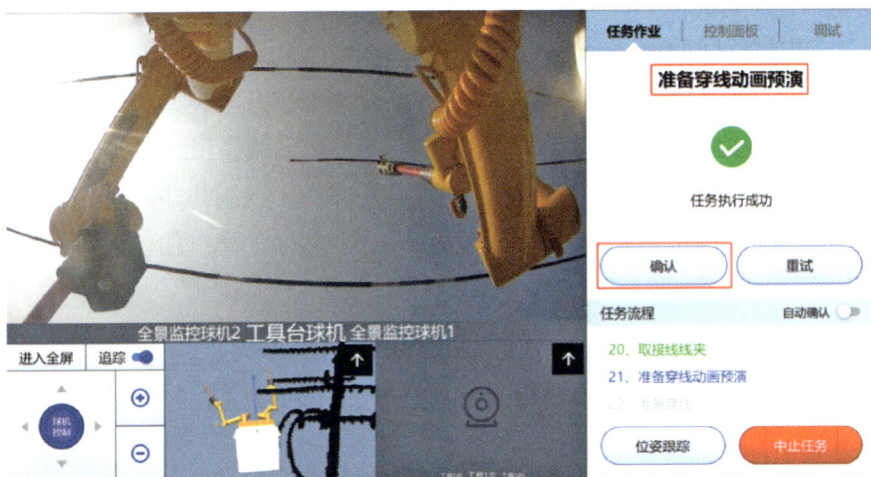

图 6-51 执行准备穿线动画预演任务界面

步骤 3 执行准备穿线任务。右臂从工具台前移动到穿线位置附近，确认动作执行到位后，点击"确认"，见图 6-52。

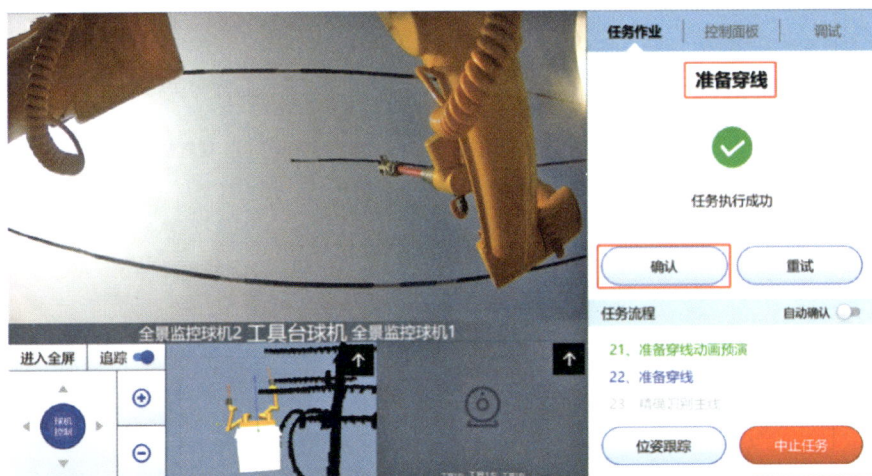

图 6-52 执行准备穿线任务界面

步骤 4 执行精准识别主线任务。剥线器右臂移动至主线下方 40cm 处，面阵激光开始扫描主线，根据手臂、机器人、面阵激光和主线的相对位置，获得精准剥线点。确认动作执行到位后，点击"确认"，见图 6-53。

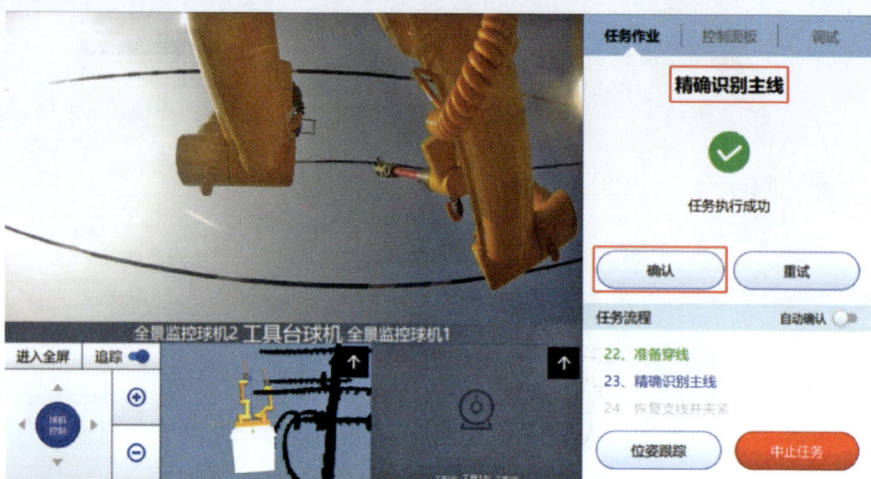

图6-53　执行精准识别主线任务界面

步骤5　执行恢复支线并夹紧任务。左臂移动到主线下方并夹紧支线，确认动作正确完成后，点击"确认"，见图6-54。

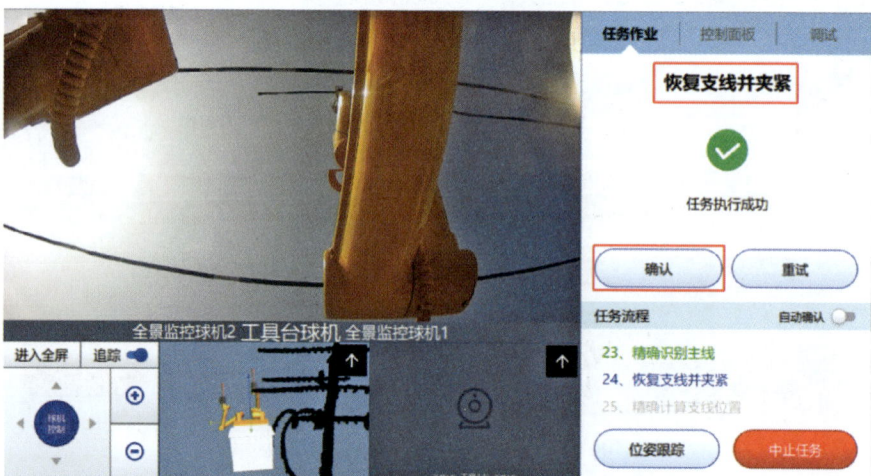

图6-54　执行恢复支线并夹紧任务界面

步骤6　执行精确计算支线位置任务。右臂移动到支线下方，进行局部建模，精确穿线位置计算。确认动作正确执行完成后，点击"确认"，见图6-55。

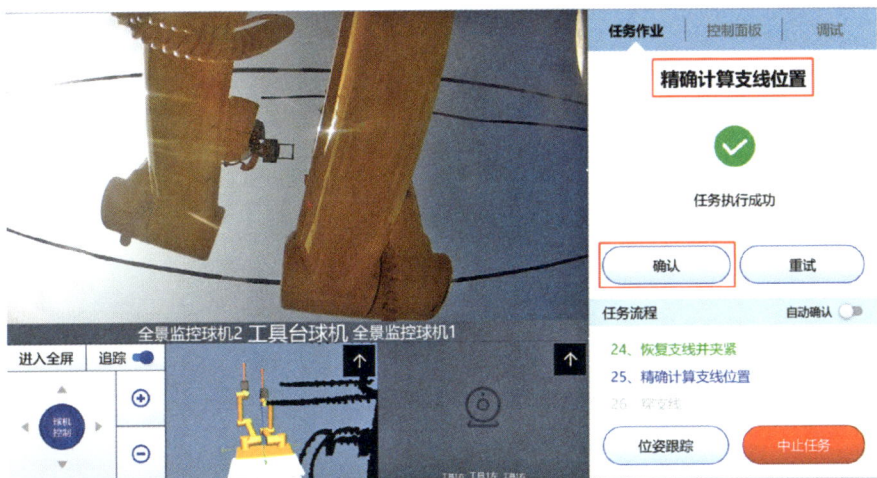

图 6-55　执行精确计算支线位置任务界面

步骤 7　执行穿支线任务。右臂移动到支线下方，支线末端扣进线夹内。确认动作正确执行完成后，点击"确认"，见图 6-56。

图 6-56　执行穿支线任务界面

5）挂线流程。

步骤 1　执行挂线任务。右臂带着支线和线夹上移并向前扣，直至线夹挂上主线剥开处。确认动作正确执行完成后，点击"确认"，见图 6-57。

图 6-57　执行挂线任务界面

步骤 2　执行锁紧线夹。左臂开始锁线夹，等待约一分钟后线夹锁紧。确认动作正确执行完成后，点击"确认"，见图 6-58。

图 6-58　执行锁紧线夹任务界面

步骤 3　执行抓线器松开支线任务。左臂电机反转，抓线器松开后，左臂移动使抓线器脱离支线。确认动作正确执行完成后，点击"确认"，见图 6-59。

图 6-59　执行抓线器松开支线任务界面

　　步骤 4　执行线夹工具反转任务。右臂末端电机反转，使线夹与工具卡扣脱离，确认动作正确执行完成后，点击"确认"，见图 6-60。

图 6-60　执行线夹工具反转任务界面

　　步骤 5　执行线夹分离任务。右臂脱离线夹工具脱离线夹，并且移动远离主线，确认动作正确完成后，点击"确认"，见图 6-61。

图6-61　执行线夹分离任务界面

步骤6　执行放回工具动画预演任务。通过界面观察机器人运动轨迹，确保动作正确无误后，点击"确认"，见图6-62。

图6-62　执行放回工具动画预演任务界面

步骤7　执行线夹座和夹线器放回任务。双臂回到工具台前，将螺旋夹线器和线夹工具放回工具台。确认工具成功放回工具台后，点击"确认"，见图6-63。